分布式系统设计实践

实践

李庆旭 ◎ 编著

人民邮电出版社

北　京

图书在版编目（CIP）数据

分布式系统设计实践 / 李庆旭编著. -- 北京 : 人
民邮电出版社，2019.11
ISBN 978-7-115-51945-0

Ⅰ. ①分… Ⅱ. ①李… Ⅲ. ①分布式操作系统－系统
设计 Ⅳ. ①TP316.4

中国版本图书馆CIP数据核字(2019)第190630号

内 容 提 要

　　本书对近年来涌现出的各种主流分布式技术做了简要介绍和全面梳理。本书将分布式系统中涉及的技术分为前端构造技术、分布式中间件技术和分布式存储技术三大类，对每类技术都详细介绍了其原理、主流实现的设计思想和架构，以及相关应用场景。此外，本书还总结了分布式系统的构建思想，并分别针对业界几个非常成功的大型分布式系统（谷歌搜索系统、淘宝网电商平台、阿里云公有云平台、领英社交平台）进行了案例研究。

　　本书适合业界的架构师、工程师、项目管理人员，也适合大中专院校的高年级本科生和研究生参考和阅读。

◆ 编　　著　李庆旭
　　责任编辑　杨海玲
　　责任印制　马振武

◆ 人民邮电出版社出版发行　　北京市丰台区成寿寺路 11 号
　　邮编　100164　电子邮件　315@ptpress.com.cn
　　网址　http://www.ptpress.com.cn
　　北京鑫正大印刷有限公司印刷

◆ 开本：800×1000　1/16
　　印张：14
　　字数：292 千字　　　　　　　　2019 年 11 月第 1 版
　　印数：1 – 2 500 册　　　　　　2019 年 11 月北京第 1 次印刷

定价：59.00 元

读者服务热线：**(010)81055410**　印装质量热线：**(010)81055316**
反盗版热线：**(010)81055315**
广告经营许可证：京东工商广登字 20170147 号

序

我很喜欢看书。从小到大，我看过很多书。

每看一本好书，我都会对书的作者充满感激和敬意，因为他愿意花那么多精力，写一本那么好的书给别人看，实在是非常值得尊敬。我知道，写书是赚不了多少钱的，一个人不为名、不为利，却愿意花很多精力写一本好书给别人去读、去欣赏，实在是难能可贵！

因此，我一直有一个想法，就是有一天，我也要尽力去写一本"好点儿"的书，一则对自己的所学做一个系统的整理，二则也为读者做些贡献。

我不知道是否有人会喜欢我的这本书，但无论如何，我已经尽力把它写好，因为我想和那些自己曾经读过的好书的作者一样，奉献给读者一本值得读的书。

我从 1991 年开始接触计算机，绝对算是一个"老码农"了。屈指一算，从那时到现在，计算机技术经历了几次重要的更新换代。

第一次发生在 20 世纪 90 年代初，是从 DOS 到 Windows 的换代。这一次换代淘汰了一批落后的公司和产品，亦有一批新的公司和产品崛起。当年 DOS 下的 WPS 如日中天，然而 Windows 一经推出，就难觅 WPS 的踪迹了。直到 21 世纪初，新版 Windows 下的金山 WPS 才姗姗而来。如果当年求伯君先生能及时推出新版的 Windows 下的 WPS，那么中文办公软件的市场也许就不是今天这样了。

第二次换代发生在 20 世纪 90 年代末到 21 世纪初，Java 和.NET 这样的基于虚拟机的开发技术开始兴起。在 DOS/Windows 下，C/C++一直是主流的开发语言，而随着计算机软件的复杂度越来越高，C/C++语言开发效率低、查错难的弊端越来越突出，于是 Java 和.NET 这样的基于虚拟机的开发技术日益受到开发者的青睐。这一波技术换代使 Java 的应用范围越来越广，也动摇了微软公司的技术在开发领域中无可替代的地位。

进入 21 世纪后，由于互联网技术，尤其是移动互联网技术的发展，诞生了一批大型互联网公司（谷歌、亚马逊、Facebook、百度、阿里巴巴、腾讯等）。在互联网发展的初期，这些公司在汹涌而来的大数据面前毫无准备，被折腾得筋疲力尽。痛定思痛后，以谷歌为代表的互联网新贵们，开发了许多优秀的技术（GFS、Bigtable、Hadoop 等），完美而优雅地解决了大多数曾经令它们头疼的问题。继谷歌将其技术以论文的形式发表后，业界就开始模仿其设计和架构，相继开源了许多优秀的产品（如 Apache Hadoop 系列产品）。从此，大型分布式技术的大门被轰然推开，一个又一个大型的分布式应用（淘宝网上商城、京东网上商城、微信、谷歌搜索、Twitter 社交平台、Facebook 社交平台等）相继诞生。这就是以移动互联网和分布式计算的大规模应用为代表的第三次技术换代。无疑，这一次换代又是一次各大公司实力的大洗牌。

第四次大的技术换代是什么？也许它正在进行（如果它是人工智能的话），也许还没有开始……

每一次大的技术换代，都会有公司和技术被无情地淘汰，从 Novell 到 Borland，到 Netscape，再到 Nokia，昔日霸主早已风光不再。但被淘汰的不仅有大公司，同时被淘汰的还有不少从事技术工作的工程师和架构师。因此，为了不被技术浪潮无情地拍倒，每一个 IT 从业者都应该对新技术心存敬畏，都应该关注技术的发展。

今天，对于在 IT 行业从事技术工作的人，无论是工程师、架构师还是管理者，也无论从事的工作是否与分布式相关，都应该了解分布式技术，因为总有一天，你会遇到它、接触它、使用它、理解它、完善它。

然而，分布式技术涉及的方面（存储、计算、框架、中间件等）是如此之多，且迄今为止尚未见到一本书对其进行概括和梳理，要想对分布式技术有全面的了解，特别是对初学者而言，何其难哉！

因此，本书试图对近年来涌现出的各种主流分布式技术做一个简要介绍，以使不太熟悉这个领域的读者能了解其概貌、原理和根源。

本书共分为以下 6 部分。

- 第一部分对典型的分布式系统的组成及其中每个组件的功能进行简要介绍，以使读者对分布式系统有一个总体了解。
- 第二部分介绍分布式系统的前端经常使用的 Web 框架、反向代理及负载均衡技术。
- 第三部分对分布式系统中经常使用的各种中间件技术逐一进行介绍，包括分布式同步服务中间件、关系型数据库访问中间件、分布式服务调用中间件、分布式消息服务中间件和分布式跟踪服务中间件。
- 第四部分介绍分布式文件系统、各种 NoSQL 数据库技术（基于键值对的 NoSQL 技术、基于列的 NoSQL 技术、基于文档的 NoSQL 技术、基于图的 NoSQL 技术）和 NewSQL 数据库系统。
- 第五部分对业界在构建大型分布式系统的过程中的主要经验加以总结，使后来者避免重蹈覆辙。
- 第六部分介绍业界几个知名的大型分布式系统的主要设计思想和架构，包括谷歌搜索系统、淘宝网、阿里云和领英的社交应用。此外，还会探讨和思考分布式系统实现中的一些问题。

在本书写作的过程中，参考了许多网上的资料和书籍，感谢这些资料的作者们。由于涉及的资料太多，无法将其作者一一列出，谨表歉意。

感谢人民邮电出版社的杨海玲编辑，没有你的辛勤付出，也不会有本书的顺利出版。

另外，还要感谢我的好朋友申天雷，感谢你在繁忙的工作之余抽出时间来全面审阅这本书。

　　最后，感谢我的家人。没有父母的养育，我不可能有机会掌握这些知识；没有我岳父母帮我看管孩子，没有我爱人的关心与支持，我不可能有时间来写作；没有我儿子那双充满期待的眼睛，我也不可能一直坚持把本书写完！

　　由于分布式系统涉及的内容实在太多，我不可能对其中每个细节都有很深刻和精确的理解，因此，书中错误及疏漏之处在所难免，欢迎批评指正。

李庆旭

2019 年夏于北京

资源与支持

本书由异步社区出品，社区（https://www.epubit.com/）为您提供相关资源和后续服务。

配套资源

本书提供源代码下载，要获得相关配套资源，请在异步社区本书页面中单击 配套资源 ，跳转到下载界面，按提示进行操作即可。注意：为保证购书读者的权益，该操作会给出相关提示，要求输入提取码进行验证。

提交勘误

作者和编辑尽最大努力来确保书中内容的准确性，但难免会存在疏漏。欢迎您将发现的问题反馈给我们，帮助我们提升图书的质量。

当您发现错误时，请登录异步社区，按书名搜索，进入本书页面，单击"提交勘误"，输入勘误信息，单击"提交"按钮即可。本书的作者和编辑会对您提交的勘误进行审核，确认并接受后，您将获赠异步社区的 100 积分。积分可用于在异步社区兑换优惠券、样书或奖品。

扫码关注本书

扫描下方二维码，您将会在异步社区微信服务号中看到本书信息及相关的服务提示。

与我们联系

我们的联系邮箱是 contact@epubit.com.cn。

如果您对本书有任何疑问或建议，请您发邮件给我们，并请在邮件标题中注明本书书名，以便我们更高效地做出反馈。

如果您有兴趣出版图书、录制教学视频，或者参与图书翻译、技术审校等工作，可以发邮件给我们；有意出版图书的作者也可以到异步社区在线提交投稿（直接访问www.epubit.com/selfpublish/submission 即可）。

如果您来自学校、培训机构或企业，想批量购买本书或异步社区出版的其他图书，也可以发邮件给我们。

如果您在网上发现有针对异步社区出品图书的各种形式的盗版行为，包括对图书全部或部分内容的非授权传播，请您将怀疑有侵权行为的链接发邮件给我们。您的这一举动是对作者权益的保护，也是我们持续为您提供有价值的内容的动力之源。

关于异步社区和异步图书

"异步社区"是人民邮电出版社旗下 IT 专业图书社区，致力于出版精品 IT 技术图书和相关学习产品，为作译者提供优质出版服务。异步社区创办于 2015 年 8 月，提供大量精品IT 技术图书和电子书，以及高品质技术文章和视频课程。更多详情请访问异步社区官网https://www.epubit.com。

"异步图书"是由异步社区编辑团队策划出版的精品 IT 专业图书的品牌，依托于人民邮电出版社近 30 年的计算机图书出版积累和专业编辑团队，相关图书在封面上印有异步图书的 LOGO。异步图书的出版领域包括软件开发、大数据、AI、测试、前端、网络技术等。

异步社区

微信服务号

目录

第四部分　分布式存储技术

第五部分　分布式系统的构建思想

第六部分　大型分布式系统案例研究及分析

第一部分

分布式系统概述

之所以需要有分布式系统，最根本的原因还是单机的计算和存储能力不能满足系统的需要，但要把成百上千台计算机组织成一个有机的系统绝非易事。

这一部分会对典型的分布式系统的组成及其每个组件的功能做简要介绍，以便读者对分布式系统有一个总体的了解。

第1章

分布式系统概述

1999 年 8 月 6 日，CNN 报道了一起 eBay 网站的事故：从 7:30 开始，整个网站崩溃，一直持续了 9 个多小时。下午 5:30 后，技术人员开始进行系统恢复，但搜索功能依然不能使用。

2011 年 4 月 21 日至 22 日，亚马逊 EC2（Elastic Computer Cloud）服务出现大面积事故，导致数以千计的初创公司受到影响，而且造成大约 11 小时的历史数据永久性丢失。

2013 年 4 月 27 日，《大掌门》游戏的开发商玩蟹科技 CEO 叶凯在微博上吐槽，"我们在阿里云上用了 20 多台机器。半年时间，出现过 1 次所有机器全部断电，2 次多个硬盘突然只读，3 次硬盘 I/O 突然变满……"。

2013 年 12 月 28 日，春运第一天，铁道部首次推出了网上订票系统，但很快就出现许多用户无法访问、响应缓慢甚至串号等事故。

2017 年 9 月 17 日，谷歌的网盘服务 Drive 出现故障，成千上万用户受到影响。

上面的这几起事故，当时都闹得沸沸扬扬，不仅给受影响的用户带来了很大的损失，也极大地影响了厂商的形象。事实上，几乎每一家互联网公司的后台系统都曾经不止一次地经历过这样或那样的尴尬时刻。可以这样说，几乎每一家互联网公司的后台架构都是在发现问题、解决问题的循环中发展起来的。

即便是执分布式系统技术牛耳的谷歌，在 2017 年 9 月，也出现过分布式系统的故障。可见，开发并维护一个成功的分布式系统是多么不易！

最早得到广泛应用的分布式系统是诞生于 20 世纪 70 年代的以太网。尽管分布式系统存在的历史已经有近半个世纪，然而其大规模的发展和应用则是 2000 年以后的事情。

21 世纪以来，随着雅虎、谷歌、亚马逊、eBay、Facebook、Twitter 等众多互联网公司的崛起，其用户量以及要处理的数据量迅速增长，远远超过了传统的计算机系统能够处理的范围，因此，以谷歌为代表的互联网公司提出了许多新技术（如 HDFS、Bigtable、

MapReduce 等）。以 BAT 为代表的中国互联网公司，也在 21 世纪整体崛起，在初期借鉴美国公司技术的基础上，他们也自行开发了许多新的技术（如淘宝的管理海量小文件的分布式存储系统 TFS、阿里巴巴开源的分布式调用框架 Dubbo、阿里巴巴开源的数据库中间件 Cobar 等）。

为了解决分布式系统中的各种各样的问题，各大互联网公司开发了各种各样的技术，当然，这也促进了当今分布式系统技术领域的飞速发展。为了存储大量的网站索引，谷歌设计了 GFS 分布式文件存储系统和基于列存储的 Bigtable NoSQL 数据库系统；为了计算 PageRank 算法中的页面 rank 值，谷歌又设计了 MapReduce 分布式计算系统；为了方便其分布式系统中不同主机间的协调，谷歌还设计了 Chubby 分布式锁系统；为了解决不同语言实现的组件间的通信问题，Facebook 设计了 Thrift；为了解决大量消息的快速传递问题，领英设计了 Kafka……这个列表可以很长很长。

为了"压榨"分布式系统中每个组件的性能，人们已经不再仅仅满足于在程序库（如网络编程库 Netty、内存管理库 TCMalloc 等）、程序框架（如 Spring）等"略显浅薄"的地方提高，而是已经渗透到了硬件（如谷歌为其计算中心专门设计了计算机）、网络（如 SDN）、操作系统（如各大互联网公司定制的 Linux 内核）、语言（如谷歌设计的 Go 语言）、数据库系统（如各种 NoSQL 系统）、算法（如人工智能领域的突飞猛进）等各种计算机基础领域。

毫无疑问，我们处于计算机技术发展最为迅猛的时代。在这个如火如荼的时代里，许多尘封多年的计算机技术（如人工智能、分布式系统、移动计算、虚拟计算等），一改往日不温不火的模样，在互联网这片广袤的土地上如日中天，发展迅速。

今天的计算机领域，已经与 20 年前大为不同。20 年前，只需要对操作系统、数据库、网络、编译等领域有深刻的理解，再熟练掌握几门计算机语言，了解一些常见的软件架构（客户服务器架构、管道架构、分层架构等）和软件工程（主要是瀑布模型）的知识，基本上就能胜任大多数软件开发工作了。而今天，仅了解这些基础知识已经远远不够，因为在近 20 年内，人类创造了太多的新技术，而这些新技术又大都起源并服务于分布式计算领域。

1.1　分布式系统的组成

一个大型的分布式系统虽然非常复杂，但其设计目标却往往是非常简单的，例如，京东和淘宝这样的电商，其设计目标是卖东西；谷歌和百度这样的搜索引擎，其设计目标是帮助大家在网上找相关的内容；Facebook 和微信这样的社交应用，其设计目标是方便大家相互联系并分享自己生活中的点点滴滴。

如前文所述，之所以需要有分布式系统，最根本的原因还是单机的计算和存储能力不能满足系统的需要。但要把成百上千台计算机组织成一个有机的系统，绝非易事。在人类社会中，其实也一样，找到 1000 个人容易，但要把这 1000 个人组织成一只能战斗的军队可就没那么简单了。

一个典型的分布式系统如图 1-1 所示。

- 分布式系统大都有一个 Web 前端，用户可以通过浏览器随时随地访问，当然，前端也可以是运行在 Windows/Linux 上的桌面程序或者运行在手机上的应用。
- 分布式系统还要有后端支撑。分布式系统的后端大都是基于 Linux 的集群[①]。之所以采用 Linux，一是因为开源操作系统成本低，二是因为开源软件可以定制。
- 就像人类社会需要有一定的组织和管理一样，为了组成一个集群，在单机的操作系统之上，还需要集群管理系统。在集群管理系统中，一个非常重要的组件是分布式协调组件，用来协调不同机器之间的工作。这些协调系统大都基于一些著名的分布式一致性协议（如 Paxos、Raft 等）。有些超大型的后端还拥有专门的集群操作系统，这些系统不仅有分布式协调功能，还有资源的分配与管理功能。
- 为了满足大规模数据的存储需要[②]，需要有能够存储海量数据的后端存储系统。
- 为了满足大规模数据的计算需要[③]，还需要有能够分析海量数据的后端计算系统。

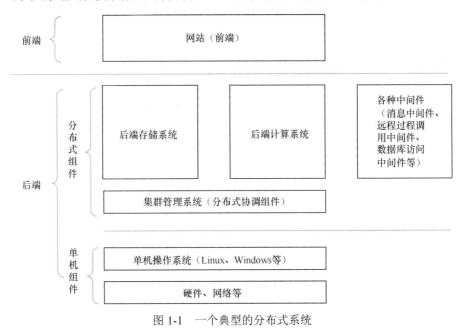

图 1-1　一个典型的分布式系统

---

① 所谓集群，是指采用同样或类似配置的许多台机器，为了达到一个共同的目的而组成的系统。

② 像谷歌和百度这样的公司，因为索引的页面量非常庞大，需要很大的存储空间。微信和 Facebook 这样的社交应用亦然。

③ 例如谷歌，其 PageRank 算法就需要很大的计算量；再如京东和淘宝这样的电商，其商品推荐系统也需要很大的计算量。

- 在分布式系统中,有很多共性的功能,例如能够支持分库分表的数据库访问中间件、用来异步化的消息中间件、用来开发不同组件的分布式系统调用中间件、用来监控各个组件状态的分布式跟踪中间件等。事实上,前面所列举的每一种中间件,也都是一个复杂的分布式系统。

本章下面的内容先就后端最重要的分布式协调组件、后端存储系统和后端计算系统做一个概要的介绍。

1.2 分布式协调组件

分布式系统之所以存在,最根本的原因是数据量或计算量超过了单机的处理能力,因此不得不求助于水平扩展[①],而为了协调多个节点的动作,则不得不引入分布式协调组件。

在单机操作系统中,几个相互合作的进程(如生产者/消费者模型中的生产者进程和消费者进程),如果需要进行协调,就得借助于一些进程间通信机制,如共享内存、信号量、事件等。分布式协调组件提供的功能,本质上就是分布式环境中的进程间通信机制。

也许,有人会觉得这有何难,用一个数据库不就解决了吗?如代码清单 1-1 所示,将分布式锁信息保存在一张数据库表中(假如表名叫 LOCK_TABLE),增加一个锁就是向 LOCK_TABLE 表中添加一新行(假如该行 ID 为 MYCLOCK1),要获得该锁,只需要将 MYCLOCK1 行的某个字段(如 LOCK_STATUS)置为 1;要释放该锁,只需要将此字段置为 0。利用数据库本身的事务支持,这个问题不就解决了吗?

代码清单 1-1　利用数据库实现分布式锁

```
1. ' 获得锁
2. START TRANSACTION;
3. UPDATE LOCK_TABLE
4.    SET LOCK_STATUS = 1, LOCK_OWNER="process1"
5.    WHERE ID="MYCLOCK1" AND LOCK_STATUS=0;
6. COMMIT;
7. 调用者检查 LOCK_OWNER 字段是否为"process1",即可获知是否加锁成功
8. ' 释放锁
9. START TRANSACTION;
10. UPDATE LOCK_TABLE
11.    SET LOCK_STATUS = 0, LOCK_OWNER=""
12.    WHERE ID="MYCLOCK1" AND LOCK_STATUS=1 AND LOCK_OWNER="process1";
13. COMMIT;
```

---

① 水平扩展(scale out)与垂直扩展(scale up)是一对相对的概念,前者是指通过增加额外的节点来扩展系统的处理能力,后者则指通过升级单个节点的硬件(CPU、内存、磁盘)来进行扩展。

然而，事情远没有那么简单。在分布式环境中，节点/网络故障为常态，如果采用代码清单 1-1 所示的方案，假如数据库所在的节点宕机了，整个系统就会陷入混乱。因此，这种有单点故障的方案肯定是不可取的。

分布式协调组件对外提供的是一种分布式同步服务。为了获得健壮性，一个协调组件内部也是由多个节点组成的，节点[①]之间通过一些分布式一致性协议（如 Paxos、Raft）来协调彼此的状态。如果一个节点崩溃了，其他节点就自动接管过来，继续对外提供服务，好像什么都没有发生过一样。

另外，为了应用程序的方便，分布式协调组件经常还会允许在其上存放少量的信息（如主服务器的名称），这些信息也是由分布式一致性协议来维护其一致性的。

1.3　分布式存储系统

与单机系统类似，分布式系统的存储也分为两个层次：第一个层次是文件级的，即分布式文件系统，如 GFS（Google File System）、HDFS（Hadoop Distributed File System）、TFS（Taobao File System）等；第二个层次是在文件系统之上的进一步抽象，即数据库系统。不过，分布式系统下的数据库远比单机的关系型数据库复杂，因为数据被存储在多个节点上，如何保证其一致性就成了关键，所以，分布式系统下的数据库采用的大都是最终一致性[②]，而非满足 ACID[③]属性的强一致性。

由于对一致性支持的不同，传统的 ACID 理论就不再适用了，于是，Eric Brewer 提出了一种新的 CAP[④]理论。CAP 理论听起来高大上，但实际上并没有那么复杂。它的意思是，在分布式系统里，没有办法同时达到一致性、可用性和网络分区可容忍性，只能在三者中择其二。

不过，要注意 CAP 中的 C 和 A 与 ACID 中的 C 和 A 的含义是不同的（如表 1-1 所示），网络分区可容忍性的含义较为晦涩，是指一个分布式系统中是否允许出现多个网络分区。换言之，如果网络断了，一个系统中的多个节点被分成了多个孤岛，这允许吗？如果允许，就满足网络分区可容忍性，否则就不满足。

---

① 节点与机器可以是物理的实体（即物理机器），也可以是虚拟的实体（如虚拟机、Docker 容器）在本书中这两个概念在本书中不加区别，常互换使用。

② 最终一致性即在"有穷"的时间内，各个节点上的数据最终会收敛到一致的状态，当然这里的"有穷"经常是指很短暂的时间，几分或几秒就算比较长的了。

③ ACID 指的是原子性（Atomicity）、一致性（Consistency）、独立性（Isolation）和持久性（Durability）。

④ CAP 指的是一致性（Consistency）、可用性（Availability）和网络分区可容忍性（Tolerance to Network Partitions）。

表 1-1　CAP 与 ACID 中的 C 和 A 的不同

属性	CAP	ACID
C	英文是 consistency，指数据不同副本（replica）之间的一致性	英文也是 consistency，但指数据库的内容处于一致的状态，如主键与外键的一致性
A	英文是 availability，指系统的可用性	英文是 atomicity，指事务的原子性

对于 CAP 理论，其实很好理解。我们可以想一想，如果需要满足网络分区可容忍性，即允许孤岛的存在，那么当孤岛产生时，只能要么继续提供服务（即满足可用性），要么停止服务（即满足一致性），其他的情况也类似。然而，在分布式系统中，由于孤岛的不可避免性，因此实际的系统只能在一致性和可用性中选择其一，即只能是满足一致性和网络分区可容忍性或者满足可用性和网络分区可容忍性的系统。

采用最终一致性的数据库系统，统称为 NoSQL（Not only SQL）系统。根据数据模型的不同，NoSQL 系统又分为以下几大类：

- 基于键值对的（如 Memcached、Redis 等）；
- 基于列存储的（如谷歌的 Bigtable、Apache HBase、Apache Cassandra 等）；
- 基于文档的（如 MongoDB、CouchDB 等）；
- 基于图的（如 Neo4j、OrientDB 等）。

近几年，还涌现出一类称为 NewSQL 的系统（如谷歌的 Megastore、谷歌的 Spanner、阿里巴巴的 OceanBase 和 PingCAP TiDB），号称既满足关系型数据库的 ACID 属性，又可以如 NoSQL 系统那般水平伸缩。然而，这些系统本质上还是满足最终一致性的 NoSQL 系统，只不过，它们将可用性和一致性处理得非常好，在外界看来，似乎同时满足了可用性和一致性，实则只是在实现上做了"手脚"，将不一致性"隐藏"起来，并将其"默默"地消化掉。

例如，谷歌 Megastore 将同一数据的不同分区存放在不同的数据中心中，在每个数据中心内部，属于同一个分区的数据存放在同一个 Bigtable 中。借助于 Bigtable 对单行数据读写的事务支持，Megastore 支持同一个分区内的 ACID 属性，但对于跨分区（即跨数据中心）的事务，则通过两阶段提交实现，因此，也是最终一致的。

再如阿里巴巴的 OceanBase，它将数据分为两部分，一部分是较早的数据（称为基准数据），另一部分是最新的数据（称为增量数据），基准数据与增量数据分开存储，读写请求都由一个专门的合并服务器（Merge Server）来处理。合并服务器解析用户的 SQL 请求，然后生成相应的命令发给存储基准数据和增量数据的服务器，再合并它们返回的结果；此外，后台还定期将增量数据合并到基准数据中[1]。OceanBase 定期将更新服务器（Update Server）上的增量数据合并到各个数据块服务器（Chunk Server）中。因此，OceanBase 也是最终一致的，但通过合并服务器把暂时的不一致隐藏起来了。

因此，本质上，只有两种数据库系统，即满足 ACID 属性的 RDBMS 和满足最终一致

---

[1] 阿里巴巴的 OceanBase 的这种实现方式实际上就是所谓的 Lamda 架构。

性的 NoSQL 系统。所谓的 NewSQL，只不过是披着 SQL 系统外衣（即 SQL 支持和 ACID 属性）的 NoSQL 系统而已。

1.4 分布式计算系统

分布式存储系统只解决了大数据的存储问题，并没有解决大数据的计算问题。当计算量远远超过了单机的处理能力后，该怎么办呢？一种方式是各自开发专属的分布式计算框架，但这些计算框架很难做到通用和共享。因此，在不同公司或同一公司的不同团队中，存在着各种各样的分布式计算框架，造成了很大的浪费，而且框架的质量也良莠不齐。

1.4.1 批处理分布式计算系统

谷歌公司于 2004 年发表的 MapReduce 论文几近完美地解决了这个问题。MapReduce 通过下面两个看似简单却包含了深刻智慧的函数，轻而易举地解决了一大类大数据计算问题。

$$map\ (<K_1, V_1>) \rightarrow list(<K_2, V_2>)^{①}$$
$$reduce\ (<K_2, list(V_2)>) \rightarrow list(V_3)^{②}$$

如图 1-2 所示，使用 MapReduce 解决问题的步骤如下。

（1）需要将输入表示成一系列的键值对$<K_1, V_1>$。

（2）定义一个 map 函数，其输入是上一步的一个键值对$<K_1, V_1>$，其输出则是另一种键值对$<K_2, V_2>$的列表。

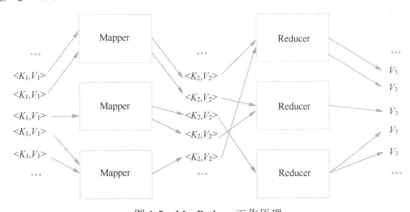

图 1-2　MapReduce 工作原理

---

① map 函数的功能是将输入的键值对映射成一个新的键值对列表。

② reduce 函数的功能是将一个键和一个值的列表映射成一个新的值的列表。

（3）运行时，MapReduce 框架会对每一个输入的键值对$<K_1, V_1>$调用 map 函数（执行 map 函数的机器称为 Mapper），并生成一系列另一种键值对$<K_2, V_2>$。然后，MapReduce 框架会根据 K_2 进行分区（partition），即根据 K_2 的值，将$<K_2, V_2>$对在多个称为 Reducer（即执行 reduce 函数的机器）的机器间进行分发。

（4）还需要定义一个 reduce 函数，该函数的输入是一系列 K_2 和与其对应的 V_2 值的列表，输出是另一种值 V_3 的列表。

（5）运行时，MapReduce 框架会调用 reduce 函数，由 reduce 函数来对同一个 K_2 的 V_2 的列表进行聚合。

MapReduce 本质上是一种"分而治之"的策略，只不过数据规模很大而已。它首先把全部输入分成多个部分，每部分启动一个 Mapper；然后，等所有 Mapper 都执行完后，将 Mapper 的输出根据 K_2 做分区，对每个分区启动一个 Reducer，由 Reducer 进行聚合。

MapReduce 看似简单，却能够解决一大类问题。MapReduce 能够解决的问题具有下列特征。

- 需要一次性处理大批的数据，而且在处理前数据已经就绪，即所谓的批处理系统。
- 数据集能够被拆分，而且可以独立进行计算，不同的数据集之间没有依赖。例如，谷歌的 PageRank 算法的迭代实现，每一次迭代时，可以把数据分为不同的分区，不同分区之间没有依赖，因此就可以利用 MapReduce 实现。但斐波那契数列的计算问题则不然，其后面值的计算必须要等前面的值计算出来后方可开始，因此就不能利用 MapReduce 实现。
- 计算对实时性要求不高。这是因为 MapReduce 计算的过程非常耗时。

1.4.2 流处理分布式计算系统

对于那些不断有新数据进来，而且对实时性要求很高的计算（如实时的日志分析、实时的股票推荐系统等），MapReduce 就不适用了。于是，流处理系统应运而生。

根据对新数据的处理方式，流处理系统分为以下两大类。

- 微批处理（micro-batch processing）系统：当新数据到达时，并不立即进行处理，而是等待一小段时间，然后将这一小段时间内到达的数据成批处理。这类系统的例子有 Apache Spark。
- 真正的流处理（true stream processing）系统：当一条新数据到达后，立刻进行处理。这类系统的例子有 Apache Storm、Apache Samza 和 Kafka Streams（只是一个客户端库）。

1.4.3　混合系统

在分布式计算领域，还有一种混合了批处理和流处理的系统，这类系统的一个例子是电商的智能推荐系统，其既需要批处理的功能（为了确保响应速度，预先将大量的计算通过批处理系统完成），也需要流处理的功能（根据用户的最新行为，对推荐系统进行实时调整）。

对于这类系统，有一种很流行的架构，即 Lamda 架构（如图 1-3 所示），其思想是用一个批处理系统（如 MapReduce）来进行批处理计算，再用一个实时处理系统（如 Apache Spark/Storm）来进行实时计算，最后用一个合并系统将二者的计算结果结合起来并生成最终的结果。

图 1-3　Lamda 架构

对于混合系统的实现，有篇非常有趣的文章值得一读，"Questioning the Lambda Architecture" 一文中提到了 Lamda 架构的一个很大的缺点，即处理逻辑需要在批处理系统和流处理系统中实现两遍。该文提到了一种新的混合系统实现方式，即利用 Kafka 可以保存历史消息的特性，根据业务的需要，在 Kafka 中保存一定时间段内的历史数据，当需要进行批处理时，则访问 Kafka 中保存的历史数据，当需要实时处理时，则消费 Kafka 中的最新消息。如此这般，处理逻辑就只需要实现一套了。感兴趣的读者，可以读一读此文。

1.5　分布式系统中节点之间的关系

一个人类社会的组织，要想实现其组织功能，组织内的人需要按照某种方式被组织起来，例如，有的人负责管理，有的人负责执行，等等。由许多节点组成的分布式系统也一样，系统中的节点也需要被有机地组织起来，才能实现想要完成的功能。也就是说，有些节点需要承担这样的角色，而另一些节点则需要承担另外的角色。根据所承担角色的不同，节点之间的关系不外乎下面两种。

- 主从式（master-slave）关系：主节点集大权于一身，所有重要的信息都存储在主节点上，所有重要的决定也都由主节点做出。这类系统的例子有谷歌的 GFS 和

Bigtable 等，以及受其架构影响而开发的其他系统（如 HDFS、HBase、淘宝 TFS、京东 JFS、百度 BFS、百度 Tera 等）。

- 对等式（peer-to-peer）关系：这类系统中的节点之间的关系是平等的，没有中心节点，而是采用设置好的选举与协调规则来处理节点之间的协调问题，这类系统的典型代表是亚马逊的 Dynamo，以及受其架构影响而开发的其他系统（如 Cassandra、Riak 等）。

相对而言，主从式系统实现起来要简单些，而对等式系统实现起来则困难些。

第二部分

分布式系统的前端构造技术

典型的分布式系统由前端和后端组成，其需求有很大的不同，因而构造技术也各异。

前端的需求主要是在尽可能短的时间内迅速接收和处理大量的请求。前端的核心技术是如 Apache 和 Nginx 这样的 Web 服务器，在此之上，为了简化和加快应用的开发，业界开发了大量的 Web 框架。有基于 Java 语言的 Web 框架，如 Java EE、Spring，也有基于 PHP 的 Web 框架，如 Code Igniter。新型的 Go 语言则内置了许多 Web 开发功能，极大地简化了前端的开发工作。

对于大型的分布式系统，单个 Web 服务器已经远远不能满足业务的需要，因此，就有了代理和负载均衡技术，以提高前端的处理能力和响应速度。

第 2 章

Web 框架的实现原理

今天的网站已经与十几年前大不相同了，如今的京东、淘宝、亚马逊、谷歌的网站，只是一个巨大分布式系统的入口或者说前端界面而已。在这些看似简单，甚至极为简洁（如谷歌的搜索页面）的入口背后，是一个已经异常复杂，而且正在变得更加复杂的分布式系统。

图 2-1 是一个简化的大型网站架构图。

- 大型网站的最前端一般都会有一个 CDN（Content Delivery Network），用于缓存静态数据，减轻对 Web 服务器的压力。
- Web 服务器的前面还会有负载均衡器，当有 Web 请求到达时，负载均衡器将其发送给多个 Web 服务器中的一个进行处理。这样做既可以提高整个网站的处理能力，也能增强其健壮性。
- 负载均衡器后面就是 Web 服务器集群了。集群中的每个 Web 服务器配置都是一样的。大型的 Web 应用都是分层的，而且都会采用统一的 Web 框架。在一个多层的 Web 应用中，大部分业务处理逻辑都实现在业务层中。真正的数据存放在在线存储层中，但为了提高访问效率，在 Web 服务器上一般都会有一些缓存，以缓存从存储层中取到的"热"数据。
- 在线存储层中存储的是需要 Web 应用处理的实时数据（如电商网站中用户下的订单等）。为了对这些数据进行分析，需要将实时数据复制到离线数据层中，这个复制动作是由数据复制与同步组件完成的。之所以如此，是因为分析时需要大量访问数据库，如果分析程序直接访问在线存储层，会影响在线应用的体验。
- Hadoop 分析集群离线分析离线数据层中保存的数据，生成分析结果（如用户偏好、广告效果等），再将分析结果送给业务层，这样业务层就可以调整其业务处理逻辑。
- 很多大型网站还需要第三方提供支持（如外部的支付系统、电商系统上的卖家、外部的物流系统等），因此，业务层还需要和第三方系统进行交互。

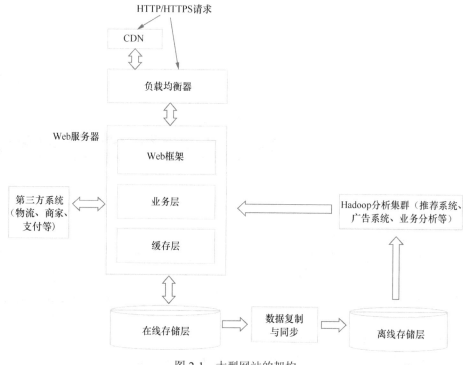

图 2-1 大型网站的架构

可见，一个大型网站涉及的技术非常多，除了数据库、Web 服务器（如 Apache），还涉及 Web 框架、反向代理服务器、负载均衡器等诸多技术。

本章下面的内容就 Web 服务器中使用的 Web 框架技术的工作原理做一个简要的介绍，反向代理与负载均衡技术在第 3 章中介绍。

2.1 Web 框架简介

流行的 Web 框架大都采用模型-视图-控制器（Model-View-Controller，MVC）模式，关于该模式的细节，读者应该都比较熟悉，就不细说了。

Web 开发中所采用的语言五花八门，有 PHP、Java、Perl、Node.js、Go 等，但使用最多的还是 PHP 和 Java。作为一门针对互联网应用设计的新语言，Go 语言也吸引了不少开发者，因此，下面就对 PHP/Java/Go 语言的 Web 框架技术做一个简要介绍。

2.2　PHP Web MVC 框架的工作原理

PHP 是非常流行的 Web 开发语言，因此，它有着众多的 Web 开发框架，但这些框架的基本工作原理却大同小异。

下面简要介绍 PHP Web MVC 框架的工作原理。

2.2.1　框架的入口

作为一个框架，它必须能够先做一些准备工作，以便应用能在其上执行。换句话说，框架必须能够截获对应用的所有调用。那么，对 PHP Web MVC 框架来说，它是如何做到这一点的呢？下面我们就以应用最广的 Apache Web 服务器为例，来看看 PHP Web MVC 框架是如何实现的。

Apache 服务器支持一种 .htaccess 文件。可以在一个目录下放置一个 .htaccess 文件。在 .htaccess 文件中可以定义类似代码清单 2-1 的规则。在该文件中定义的规则适用于该目录以及其所有的子目录。

代码清单 2-1　在 Apache .htaccess 文件中将入口设置成 index.php 文件

```
1. <IfModule mod_rewrite.c>
2. RewriteEngine On
3. RewriteCond %{REQUEST_FILENAME} !-f
4. RewriteCond %{REQUEST_FILENAME} !-d
5. RewriteRule.index.php [L]
6. </IfModule>
```

有了上面的规则后，对该目录及其子目录下的任何文件的访问，都会被重定向为对 index.php 文件的访问。这样，框架就有机会在 index.php 文件中"做些手脚"了，例如，创建并启动控制器来处理 Web 请求等。

2.2.2　URL 到控制器的映射

假设我们定义下面的映射规则：将 /<MyController>/<MyMethod>/<Parameter1>/Parameter2>格式的 URL 映射为对代码清单 2-2 中的 MyMethod()方法的调用。

代码清单 2-2　一个简单的 PHP 控制器及一个方法

```
1. class MyController {
2.     ...
3.     public function MyMethod($Parameter1, $ Parameter2)
```

```
4.    {
5.        ...
6.    }
7.    ...
8. }
```

那么，在 PHP 框架中如何实现这种映射呢？代码清单 2-3 展示了实现细节。

代码清单 2-3　如何在 PHP 框架中将对 URL 的访问映射成方法调用

```
1.     // 将 URL 分割成不同的部分
2.     $segments = explode('/', $url);
3.
4.     // URL 的第一部分是控制器的 PHP 类名
5.     if(isset($segments[0]) && $segments[0] != '') $controller = $segments[0];
6.     // URL 的第二部分是控制器类中的 PHP 方法名
7.     if(isset($segments[1]) && $segments[1] != '') $action = $segments[1];
8.
9.     对 URL 的格式进行一些检查;
10.
11.    // 根据第 5 行获得的控制器类名，创建新的控制器对象
12.    $obj = new $controller;
13.    // call_user_func_array()是一个 PHP 提供的函数（不是方法，不属于任何类），
14.    // 它可以调用某个函数或方法。如果调用的是方法，则第一个参数是一个有两个元素的数组，
15.    // 其中第一个元素是类名，第二个元素是方法名。call_user_func_array()
16.    // 的第二个参数是一个数组，数组中的每个元素都会作为参数传递给被调用的参数或方法
17.    // 下面代码中的$obj是第 12 行创建的控制器对象，$action是第 7 行获得的控制器
18.    // 类中方法名
19.    // array_slice($segments, 2)将$segments数组中除前两个元素（即类名和方法名）之外的
20.    // 所有元素都作为参数传递给要调用的方法
21.    // 因此，下面代码的意思是调用控制器对象的相应方法，并把 URL 的其余部分作为参数传给它
22.    die(call_user_func_array(array($obj, $action), array_slice($segments, 2)));
```

2.2.3　如何将模型传给视图

PHP 中有个 extract()函数，传给它一个内容为一个 HashMap 的参数，该函数就将 HashMap 中的每个键值对作为变量加入到当前函数中。这些变量的作用域仅限于当前函数。

因此，框架可以在控制器中构建一个 HashMap（即模型），并将它传给视图，在视图中调用 extract()将 HashMap 中的键值对作为变量加入当前函数中，如图 2-2 所示。这样，在视图的派生类中就可以访问模型了。

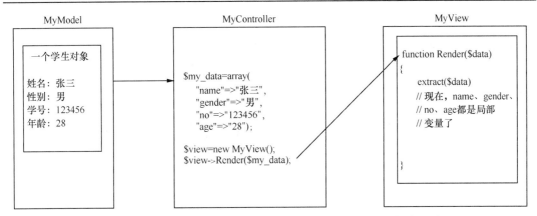

图 2-2　PHP Web 框架工作中控制器如何将模型中的数据传给视图

很多 PHP 框架都在采用上面的这些技术，有兴趣的读者可以参考 Code Igniter 的实现。

2.3　Java Web MVC 框架原理

除了 PHP，Web 开发中最常用到的还有 Java 技术。和 PHP 框架类似，也有很多流行的 Java Web 开发框架，比较著名的有 Spring、Java EE 等。但与 PHP 框架没有统一的标准不同，Java Web 框架有统一的标准。

2.3.1　Java Servlet API 3.0

Java Servlet API 定义了 Java Servlet 容器（如 Tomcat、Java EE 容器等）的规范。

表 2-1 给出了 Java Servlet API 3.0 中定义的一些重要接口。

表 2-1　Java Servlet 3.0 定义的一些重要接口

接口名称	说　　明

Servlet	这应该是该 API 中最重要的接口了。当有请求到达时，其 service()方法会被调用：
	`public void service(ServletRequest req, ServletResponse res)`
	`    throws ServletException, IOException;`

ServletContext	通过这个接口，当前 Servlet 就可以与 Web Container 进行交互了，如获取 ContextPath，注册新的 Filter、Listener 等。ServletRequest 类有一个 getServletContext()方法返回当前的 ServletContext

接口名称	说　　明

Filter	通过这个接口，可以对 Web 请求和响应进行修改：
	`doFilter(ServletRequest request, ServletResponse response,`
	`FilterChain chain)`

ServletContextListener	当 Web 应用启动时，其 contextInitialized 方法会被调用：
	`void contextInitialized(ServletContextEvent sce)`
	当 Web 应用结束时，其 contextDestroyed 方法会被调用：
	`void contextDestroyed(ServletContextEvent sce)`

2.3.2　框架的入口

Java Servlet API 3.0 中定义了一个基于 Java Service Loader 的 Web 框架入口。

1．Java Service Loader

关于 Java Service Loader 的细节，可以参考 Java SE 文档，其要点如下。

（1）一个服务是一个定义良好的接口或者抽象类。例如，代码清单 2-4 是 com.example. CodecSet 服务的定义。

代码清单 2-4　一个 CodecSet 接口

```
1. package com.example;
2.
3. public interface CodecSet {
4.     public abstract Encoder getEncoder(String encodingName);
5.     public abstract Decoder getDecoder(String encodingName);
6. }
```

（2）一个服务提供者（Service Provider）是某服务的一个具体实现。例如，com.example. impl.StandardCodecs 是 com.example.CodecSet 服务的一个实现类。

（3）实现某个服务的 jar 包中要有一个 META-INF/services/<Service 类的完全限定名>，该文件的内容就是该服务的某实现类的完全限定名。代码清单 2-5 给出了该文件的内容。

代码清单 2-5　META-INF/services/com.example.impl.StandardCodecs 文件的内容

```
com.example.impl.StandardCodecs    # Standard codecs
```

（4）然后，就可以通过 java.util.ServiceLoader 类来获取某个服务的具体实现类了。代码清单 2-6 演示了如何获得 CodecSet 服务的实现类。

代码清单 2-6　如何获得 CodecSet 服务的实现类

```
1. import java.util.ServiceLoader;
2.
3. // 获得 CodecSet 服务的实现类
4. ServiceLoader<CodecSet> codecSetLoader = ServiceLoader.load(CodecSet.class);
5.
6. // 实现类可以有多个。对于获得的每个实现类做一些事情……
7. for (CodecSet cp : codecSetLoader) {
8.     Encoder enc = cp.getEncoder(encodingName);
9.     if (enc != null) return enc;
10. }
```

2. javax.servlet.ServletContainerInitializer 接口

Spring 这样的 Web 框架运行在一个像 Tomcat 这样的 Web 容器中。Spring 这样的 Web 框架本质上就是一个 Servlet 容器，即 Servlet 容器运行在 Web 容器之中。这两个容器的接口在 Java EE 中有明确的定义。

Servlet 容器是由 Java Servlet API 3.0 定义的。Servlet 容器的工作原理依赖于前面介绍的 Java Service Loader 机制。Servlet 容器被定义成一个 Java 服务，这个服务就是代码清单 2-7 所示的 javax.servlet.ServletContainerInitializer 接口。

代码清单 2-7　javax.servlet.ServletContainerInitializer 接口

```
1. public interface ServletContainerInitializer {
2.     // 在 Web 应用启动时，如果该 Jar 包满足被加载的条件，下面的方法就会被调用
3.     void onStartup(Set<Class<?>> c, ServletContext ctx)
4.         throws ServletException;
5. }
```

按照 Java 服务的要求，Web 框架需要在其 Jar 包中提供一个 META-INF/services/javax.servlet.ServletContainerInitializer 文件，该文件的内容就是 ServletContainerInitializer 接口的一个具体实现类。

另外，Java Servlet API 3.0 还定义了一个 javax.servlet.annotation.HandlesTypes 注解（annotation）类，如代码清单 2-8 所示。这个注解可以被加到 ServletContainerInitializer 接口的实现类上。

代码清单 2-8　javax.servlet.annotation.HandlesTypes 注解类

```
1. @Target({ElementType.TYPE})
2. @Retention(RetentionPolicy.RUNTIME)
3. public @interface HandlesTypes {
4.     // 如果 ServletContainerInitializer 的实现类被 HandlesTypes 修饰了
5.     // (例如，@HandlesTypes({MyInitHelper.class}))，那么当容器调用
6.     // ServletContainerInitializer 的 onStartup() 方法时，其第一个参数类型为 Set，Set
7.     // 中会包含该 jar 包中所有 HandlesTypes 修饰中所列出的类（或者其派生类、实现类，或者被其
```

```
8.     // 修饰）。例如，对于刚才的例子，MyInitHelper 类及其所有派生类都会被放到第一个参数中，传给
9.     // ServletContainerInitializer.onStartup()方法
10.    Class[] value();
11. }
```

当 Web 应用（如 Hello World）的.war 包被放入 Web 容器（如 Tomcat）中时，Web 容器会扫描该.war 包中 WEB-INF\lib 下的所有.jar 包。如果 WEB-INF\lib 下的某个.jar 包（如 spring-web-4.3.0.RELEASE.jar）中有 META-INF/services/javax.servlet.ServletContainerInitializer 文件，Web 容器就读取此文件，得到一个 ServletContainerInitializer 接口的实现类的类名。然后，Web 容器就加载之，并调用此 ServletContainerInitializer 实现类的 onStartup (Set<Class<?>> c, ServletContext ctx)方法。Web 应用.war 包中的每一个被 javax.servlet. annotation.HandlesTypes 注解修饰的类，都会被加入 onStartUp()方法的类型为 Set<Class<?>> 的参数 c 中。这样，Web 框架[①]就可以利用被 javax.servlet.annotation.HandlesTypes 注解修饰的类，做一些初始化工作。具体细节参考下面对 Spring 框架的描述。

2.3.3 Spring 4.0 框架

前面简要介绍了 Java Web 框架的工作原理，下面来看两个著名的 Java Web 框架实现，其中一个是 Spring，另一个是 Java EE。

本节介绍著名的"民间"Java Web 开发框架 Spring，下一节介绍"官方"Java Web 开发框架 Java EE，然后对二者做一个简要的比较。

1. 依赖注入与控制反转

控制反转（Inversion of Control，IoC）的含义是：假设有一个组件 A，它依赖于组件 B。传统的做法是 A 主动去找到并实例化 B。如果使用了 IoC 容器，那么容器会主动将 B 注入 A 中，而不用 A 主动去寻找和实例化 B。对 A 而言，它不再需要知道如何找到 B 了，这就是控制反转的含义。

IoC 有两种常见的实现方式。

（1）依赖注入（Dependency Injection，DI）：由容器将依赖注入组件中。这样，当组件 A 运行时，组件 B 已经被注入其中了。

（2）依赖查询（Dependency Lookup）：所有的组件都注册到一个统一的地方（注册中心，即 Registry），由一个单独的组件（服务定位器，即 Service Locator）来执行所有的组件查询操作。因此，组件 A 就要通过服务定位器来查找组件 B。

Spring IoC 的实现方式是"依赖注入"。

下面我们看一下 Spring MVC 模块是如何实现的。

---

① 如前所述，Web 框架本质上就是一个 Servlet 容器。Web 应用的.war 文件中必须包含 Web 框架的.jar 包。

2.　Sping MVC 模块与 Web Container 集成

前面提到，Java Servlet API 3.0 提供了一种 Web 框架（如 Spring）与 Web 容器（如 Tomcat）的集成方式，即 Web 框架需要在其.jar 包中提供一个 META-INF/services/javax.servlet.ServletContainerInitializer 文件。该文件的内容是 javax.servlet.ServletContainerInitializer 接口的一个具体实现类。Spring 提供的 javax.servlet.ServletContainerInitializer 接口的实现类是 org.springframework.web.SpringServletContainerInitializer 类。

代码清单 2-9 给出了 Spring 的 javax.servlet.ServletContainerInitializer 实现类的主要代码。从中可以看出，其 onStartup()方法会调用用户 Web 应用提供的 org.springframework.web.WebApplicationInitializer 接口实现类的 onStartup()方法。这样，用户的 Web 应用就可以在其 org.springframework.web.WebApplicationInitializer 接口的实现类中做一些初始化工作，如注册 Servlet、Filter 等。

代码清单 2-9　Spring MVC 的 ServletContainerInitializer 接口实现类 SpringServlet ContainerInitializer

```
1. package org.springframework.web;
2. import javax.servlet.ServletContainerInitializer;
3.
4. @HandlesTypes(WebApplicationInitializer.class)
5. public class SpringServletContainerInitializer implements
      ServletContainerInitializer {
6.    @Override
7.    public void onStartup(Set<Class<?>> webAppInitializerClasses,
         ServletContext servletContext) throws ServletException {
8.
9.        List<WebApplicationInitializer> initializers = new LinkedList<>();
10.
11.       将集合类型的参数 webAppInitializerClasses 中，所有实现了
          WebApplicationInitializer 接口的具体类加入 initializers 列表中；
12.
13.       AnnotationAwareOrderComparator.sort(initializers);
14.       for (WebApplicationInitializer initializer : initializers) {
15.           // 调用每个 WebApplicationInitializer 类的 onStartup()方法，以进行初始化
16.           initializer.onStartup(servletContext);
17.       }
18.    }
19. }
```

图 2-3 描述了 Web 容器（如 Tomcat）与基于 Spring MVC 的 Hello World 程序是如何集成在一起的。

根据图 2-3，我们看看控制是如何传给 Spring 框架提供的 DispatcherServlet 类的。

- 在 Hello World 打包后的.war 文件中包含了一个 WEB-INF\lib\spring-web-4.3.0. RELEASE.jar 文件。

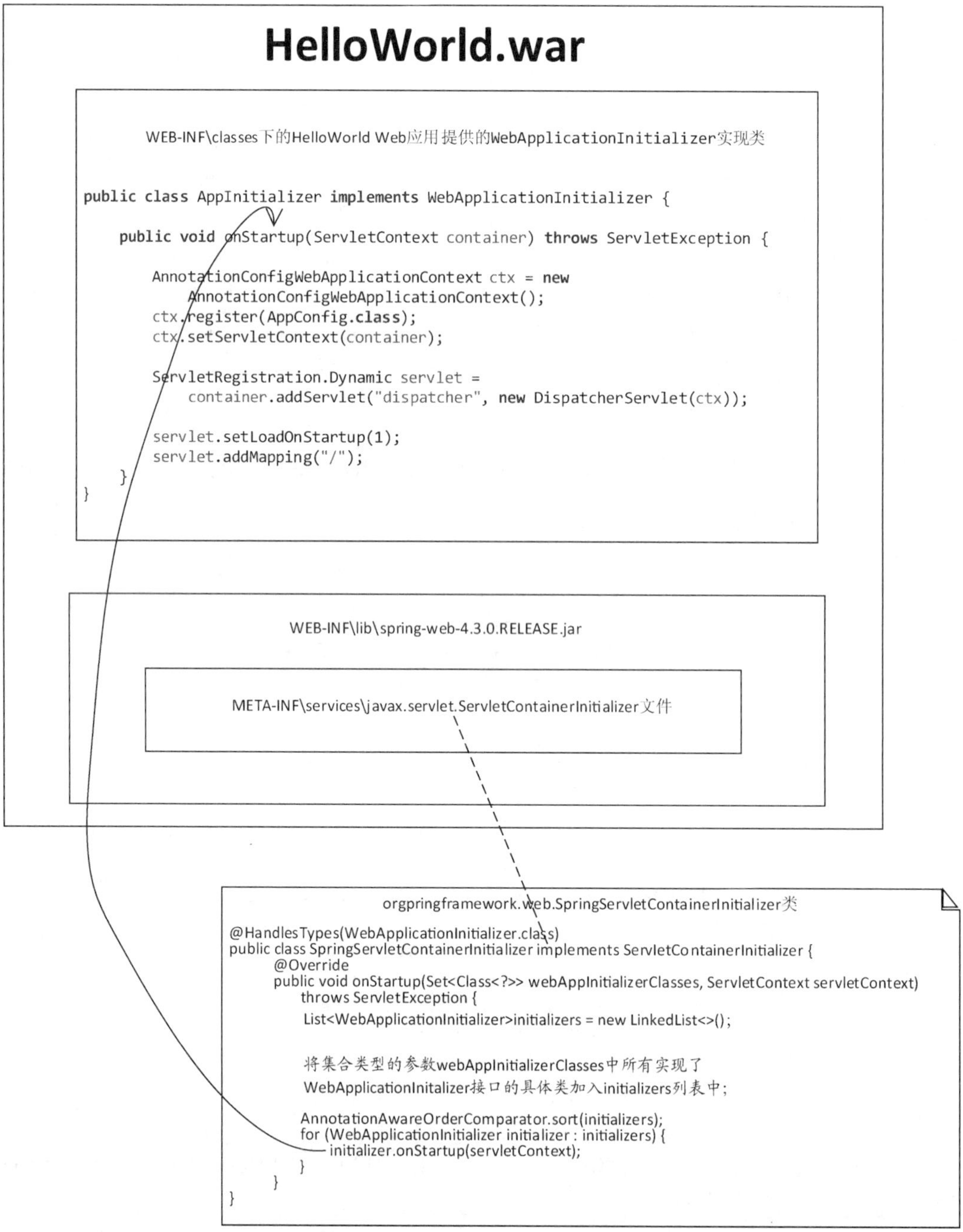

HelloWorld.war

WEB-INF\classes下的HelloWorld Web应用提供的WebApplicationInitializer实现类

```
public class AppInitializer implements WebApplicationInitializer {

    public void onStartup(ServletContext container) throws ServletException {

        AnnotationConfigWebApplicationContext ctx = new
            AnnotationConfigWebApplicationContext();
        ctx.register(AppConfig.class);
        ctx.setServletContext(container);

        ServletRegistration.Dynamic servlet =
            container.addServlet("dispatcher", new DispatcherServlet(ctx));

        servlet.setLoadOnStartup(1);
        servlet.addMapping("/");
    }
}
```

WEB-INF\lib\spring-web-4.3.0.RELEASE.jar

META-INF\services\javax.servlet.ServletContainerInitializer 文件

```
orgpringframework.web.SpringServletContainerInitializer类
@HandlesTypes(WebApplicationInitializer.class)
public class SpringServletContainerInitializer implements ServletContainerInitializer {
    @Override
    public void onStartup(Set<Class<?>> webAppInitializerClasses, ServletContext servletContext)
        throws ServletException {
        List<WebApplicationInitializer>initializers = new LinkedList<>();

        将集合类型的参数webAppInitializerClasses中所有实现了
        WebApplicationInitalizer接口的具体类加入initializers列表中;

        AnnotationAwareOrderComparator.sort(initializers);
        for (WebApplicationInitializer initializer : initializers) {
            initializer.onStartup(servletContext);
        }
    }
}
```

图 2-3 Web 容器与基于 Spring MVC 的 Hello World 程序的集成

- 当把 HelloWorld.war 文件部署到 Tomcat Web 容器中后，根据 Java EE 规范，Web

容器会借助 Java Service Loader 功能来寻找并加载 javax.servlet.ServletContainer-Initializer 接口的实现类。

- Java Service Loader 首先找到 HelloWorld.war 文件中的 META-INF\services\javax.servlet.ServletContainerInitializer 文件，然后读取其内容。而该文件的内容如下：

```
org.springframework.web.SpringServletContainerInitializer
```

- 从 META-INF\services\javax.servlet.ServletContainerInitializer 文件中读取到 javax.servlet.ServletContainerInitializer 接口的实现类名称后，Tomcat 容器就创建一个该类的对象，然后调用其 onStartup()方法，如代码清单 2-9 所示。

- 从代码清单 2-9 的第 4 行可以看出，ServletContainerInitializer 类被@HandlesTypes（WebApplicationInitializer.class）修饰了，因此在调用其 onStartup()方法时，Java Service Loader 会将 HelloWorld.war 文件中所有 WebApplicationInitializer 的派生类加入一个 Set<Class<?>>集合中，然后把该集合作为参数传递给 onStartup()方法。在代码清单 2-9 的第 16 行，WebApplicationInitializer 子类的 onStartup()方法会被调用。

- 代码清单 2-10 给出的是 Hello World 应用的 AppInitializer 类，因为它派生自 WebApplicationInitializer 类，因此它会被加入传递给代码清单 2-9 中的 onStartup()方法的第一个 Set<Class<?>>参数中。而且，其 onStartup()方法会在代码清单 2-9 的第 16 行被调用。

- 从代码清单 2-10 可以看出，AppInitializer 类的 onStartup()方法创建并设置了一个 Servlet，即 org.springframework.web.servlet.DispatcherServlet 类。DispatcherServlet 是 Spring MVC 框架提供的 Servlet 实现类。

代码清单 2-10　Hello World 应用的 AppInitializer 类

```
1. public class AppInitializer implements WebApplicationInitializer {
2.     ...
3.     public void onStartup(ServletContext container) throws ServletException {
4.
5.         AnnotationConfigWebApplicationContext ctx =
               new AnnotationConfigWebApplicationContext();
6.         ctx.register(AppConfig.class);
7.         ctx.setServletContext(container);
8.
9.         ServletRegistration.Dynamic servlet =
               container.addServlet("dispatcher", new DispatcherServlet(ctx));
10.
11.         servlet.setLoadOnStartup(1);
12.         servlet.addMapping("/");
13.     }
14.}
```

- 向容器注册完 Servlet 后，当有 Web 请求到达时，容器就会调用 DispatcherServlet

的 service(ServletRequest req, ServletResponse res)方法进行处理。

- DispatcherServlet 就是 Sping MVC 的前端控制器。

3. 将 URL 映射到某个 Bean 的方法

通过上一节的讲解我们知道，在 Hello World 应用的 AppInitializer.onStartup()方法中，Hello World 应用注册了 Spring MVC 提供的 DispatcherServlet 类来处理以 "/" 开头的 URL。

图 2-4 解释了 Sping MVC 如何将一个请求 URL 映射成某个 Bean 方法。

- 在 DispatcherServlet 类中有一个类型为 List<HandlerMapping>的属性 handler-Mappings。handlerMappings 实际指向的是一个 org.springframework.web.servlet. mvc.method. annotation.RequestMappingHandlerMapping 对象。

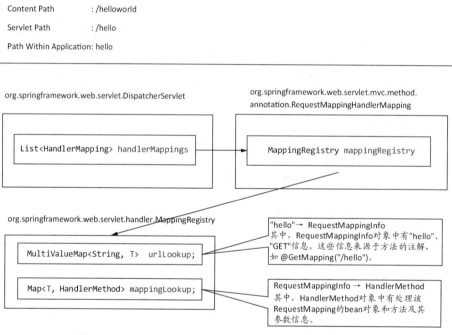

图 2-4　DispatchServlet 如何将 URL 映射到某个 Bean 的方法

- RequestMappingHandlerMapping 类有一个类型为 MappingRegistry 的属性 mapping-Registry。该属性实际指向的是一个 org.springframework.web.servlet.handler.Mapping-Registry 对象。
- MappingRegistry 类有一个类型为 MultiValueMap<String, T>的属性 urlLookup 和一个类型为 Map<T, HandlerMethod>的属性 mappingLookup。
- MappingRegistry 类的 urlLookup 属性是一个 URL 到 RequestMappingInfo 的映射，

例如, 对于 URL "/hello", 可以在 urlLookup 中找到一个对应的 RequestMappingInfo 的对象。在 RequestMappingInfo 类中, 保存有 URL、HTTP 请求的类型（GET、POST 等）, 而这些 URL、HTTP 请求类型信息来源于 Hello World 应用代码中方法的注解, 如@GetMapping("/hello")。

- MappingRegistry 类的 mappingLookup 属性是 RequestMappingInfo 到 HandlerMethod 的映射。这样, 对于 URL "/hello", 就可以先通过 urlLookup 找到其 RequestMappingInfo 对象, 再通过 mappingLookup 找到其 HandlerMethod 对象。

从代码清单 2-11 可以看出, HandlerMethod 类中含有调用一个方法所需要的全部信息, 如 Bean 对象、Bean 类型、方法对象、参数信息等。

代码清单 2-11　Spring MVC org.springframework.web.method.HandlerMethod 类

```
1.  package org.springframework.web.method;
2.
3.  public class HandlerMethod {
4.      ...
5.      private final Object bean;
6.
7.      @Nullable
8.      private final BeanFactory beanFactory;
9.      private final Class<?> beanType;
10.     private final Method method;
11.     private final Method bridgedMethod;
12.     private final MethodParameter[] parameters;
13.     ...
14. }
```

4. Spring MVC 框架的设计

图 2-5 描述了 Spring MVC 框架的基本工作原理。

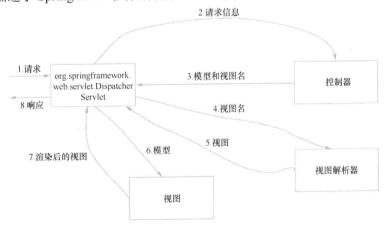

图 2-5　Spring MVC 框架的设计

一个请求的处理过程如下。

（1）根据前面的描述可知 Spring MVC 的入口是 DispatcherServlet。

（2）在图 2-4 中，DispatcherServlet 根据请求的 URL，可以找到处理该请求的 HandlerMethod 对象。在 HandlerMethod 对象中保存有处理该 URL 的 Bean 对象（即控制器）、方法对象和参数信息。因此，DispatcherServlet 就调用控制器的方法来处理这一 URL。

（3）控制器根据请求的内容，经过一定的处理（例如，从后台数据库获取相应的数据），返回模型和视图名。

（4）DispatcherServlet 将视图名传给视图解析器。

（5）View Resolver 根据一定的规则，返回具体的视图。

（6）DispatcherServlet 将模型传给视图。

（7）根据模型，生成最后的视图。

（8）DispatcherServlet 将最后生成的视图作为响应返回。

5. Spring 安全模块的实现

Spring 安全模块通过 Java Servlet API 的 Filter 与 Web 容器集成起来。代码清单 2-12 是 Filter 接口的定义。通过 Filter 功能，Spring 安全模块可以在 Web 请求被用户应用处理之前做一些处理，例如验证用户是否有访问相应资源的权限等。

代码清单 2-12　javax.servlet.Filter 接口

```
1. package javax.servlet;
2.
3. public interface Filter {
4.     public void init(FilterConfig filterConfig) throws ServletException;
5.     public void doFilter(ServletRequest request, ServletResponse response,
6.         FilterChain chain) throws IOException, ServletException;
7.     public void destroy();
8. }
```

图 2-6 展示了 Spring 安全模块与 Web 容器是如何集成在一起的。

- org.springframework.web.filter.DelegatingFilterProxy 是 Spring 安全模块在容器中注册的 javax.servlet.Filter 实现类。

- DelegatingFilterProxy 类维护了一个包含 Spring 安全模块提供的所有 Filter 的列表。当有请求到达时，Web 容器会调用 DelegatingFilterProxy 的 doFilter()方法。然后，DelegatingFilterProxy 的 doFilter()方法就依次调用 Filter 列表中的所有 Filter。

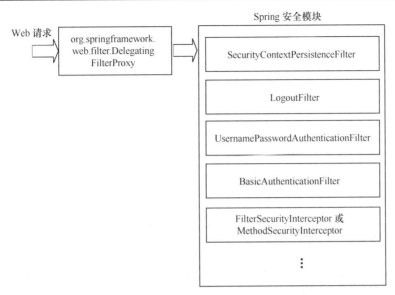

图 2-6　Spring 安全模块与 Web 容器是如何集成在一起的

2.3.4　Java EE

从最初的 J2EE（Java 2 Enterprise Edition）到今天的 Java EE（Java Enterprise Edition），Java 官方的 Web 开发框架也已走过了近二十载。今天的 Java EE，吸纳了 Spring 的很多优点，已远非当年的 J2EE。

1.　Java EE MVC

Java EE 提供了两种方式的 MVC，即面向 UI 组件的 MVC（即 JavaServer Faces）和面向动作的 MVC（Java EE 8 开始支持）。

所谓面向动作的 MVC，即应用需要提供自己的控制器，并且，对于不同的动作，需要提供不同的控制器。在这些控制器中，应用需要自己对 Web 请求进行校验、转换、获取数据等。而在面向 UI 组件的 MVC 中，框架提供了一个统一的控制器，该控制器定义了一整套"标准"的 Web 请求处理过程，包括请求校验、转换、获取模型数据、生成视图等。

因此，这两种 MVC 框架的优缺点也就很清楚了。

- 对面向动作的 MVC 来说，应用需要实现的功能比较多（因为需要提供自己的控制器），但好处是比较灵活，应用可以根据自己的需要对请求校验、转换、模型数据获取的方式进行定制。
- 对面向 UI 组件的 MVC 来说，应用相对简单些，但缺点是不够灵活，如果框架提供的"标准"处理方式不能满足自己的需要，就会比较麻烦。

2. JSF

JSF（JavaServer Faces）是 Java EE 提供的面向 UI 组件的 MVC 框架，它明确定义了请求的处理过程。应用只能按照这个过程来处理请求，所能定制的也只能是 JSF 允许的几个地方。

3. Java EE 8 MVC

Java EE 8 MVC 是 Java EE 提供的面向动作的 MVC 框架，其架构与 Spring MVC 非常类似，在此就不展开了。感兴趣的读者请自己找相关资料查看。

2.3.5　Spring 与 Java EE 的比较

一说起 Spring 与 Java EE 的比较，恐怕很多人都会想说 Spring 比较轻，而 Java EE 比较重。然而，今天的 Java EE 已经与当年的 J2EE 不可同日而语了。自从 Rod Johnson 那本著名的 *Expert One-on-One J2EE Development without EJB* 问世后，Spring 开始大行其道。然而，Java EE 也痛定思痛，吸收了 Spring 中很多好的思想，例如，Java EE 的 CDI（Contexts and Dependency Injection）就来源于 Spring 的 DI（Dependency Injection），Java EE 的拦截器（Interceptor）来源于 Spring 的 AOP（Aspect Oriented Programming）。

其实，就那些基础性的功能（DI、AOP、Web、安全、事务、数据库访问等）而言，今天的 Spring 与 Java EE 已经没有太大的不同了。两者的不同，更多体现在发展模式上。

Java EE 是官方的 Java 企业级开发标准的集合，背后的推手是甲骨文、IBM 这样的大公司。其发展模式是标准优先，也就是先制定标准 JSR（Java Specification Request），然后通过 JCP（Java Community Process）这样的过程，最后才能由相应的产品实现。

而 Spring 则是"民间"的 Java 开发框架，其发展思路是问题导向、实用优先、解决实际存在的问题，而且不受标准的束缚。因此，对于新出现的问题，Spring 总是能最先提供解决方案，如 Spring Cloud、Spring Mobile、Spring Social 等。

就个人而言，我更喜欢 Spring，因为其轻巧、问题导向和能快速响应业界的实际需要。

2.4　Go 语言 Web 开发

作为一门新兴的编程语言，从设计之初，Go 语言就将网络支持作为一个重要的特性。因此，使用 Go 语言进行 Web 开发几乎不需要第三方的库，因此体验非常好，这也是近几年 Go 语言的使用者越来越多的原因。

2.4.1　Go 语言简介

Go 语言是谷歌公司推出的一种新的计算机语言，下面是它的一个简短历史。

- 2007 年 Robert Griesemer、Rob Pike 和 Ken Thompson 发明了 Go 语言。
- 2009 年谷歌公开发布了 Go 语言。
- 2012 年 Go 1.0 正式发布。

Go 语言的推出是为了解决谷歌面临的一系列软件工程问题，这些问题，就其本质而言，还是如何既能提高开发效率，又能保证软件质量的问题。

大家都知道，C/C++这样的编译型语言，其运行速度很快，但缺点也很多，下面列举几个。

- 编译时一个头文件如果被包含多次，那么即使其内容仅被编译一次（使用了#ifdef 语句），该头文件也依然要被读进内存，并且解析后才发现它已经被编译过了。而这个过程，对于每一个包含它的文件，编译时都会发生一次。
- 静态类型的限制，带来了很多烦琐的问题，导致开发效率低下。这一点，使用过 C++模板的读者都应有所体会。
- 不支持自动垃圾收集，开发效率低下。
- 由于这些语言出现得早，没有内置的并发机制，因此，只能采用额外的线程库，而这又容易引入死锁等难以排查的问题。
- 动态链接库导致 DLL 地狱[①]问题。

而 Python、JavaScript、Perl 等动态语言虽然开发效率高，但运行时的速度却远低于 C/C++程序。

因此，Go 语言最后被设计成具有以下特点的语言。

- 静态链接，完全消除了头文件的编译依赖问题，能够在数分钟内编译完一个大型的软件。
- 内置的模块化支持。
- 静态类型，但具有动态语言的使用方便的特点。
- 内置的自动垃圾收集。
- 内置的多核并发支持。

---

① 英文是 DLL Hell，指程序 A 依赖于动态库 D 的某个版本 D1，程序 B 也依赖于动态库 D 的版本 D1，后来，程序 A 升级时将 D 的版本更新成 D2，导致程序 B 不能正常工作。这个问题凡是支持动态库的操作系统（Windows、Linux、macOS 和各种 Unix 等）都有。

2.4.2 Go 语言 Web 开发

如前所述，Go 出现的原因，是谷歌为了解决其当时面临的软件工程方面的挑战。在 Go 语言出现的时候，移动互联网正风起云涌，所以，Go 设计之初就内置了很多对网络开发的支持，如内置的 net/http 库、内置的 SQL/NoSQL 数据库访问库、内置的 JSON/XML 支持库等。

从上面的讨论可以看出，Go 语言已经内置了许多 Web 开发功能，这些功能类似于 Java、Python、Ruby 等语言的 Web 开发框架。因此，使用 Go 语言，你完全可以不使用任何开发框架！

第 3 章

反向代理与负载均衡

在大型网站中，为了提高系统的响应时间、吞吐能力和健壮性，反向代理与负载均衡是经常使用的技术。本章就简要介绍一下这两种技术。

3.1 反向代理

代理有两种，分别是前向代理（forward proxy）和反向代理（reverse proxy）。

如图 3-1 所示，前向代理，即传统的代理，是客户端的代理。对服务器来说，代理和客户端没有区别。

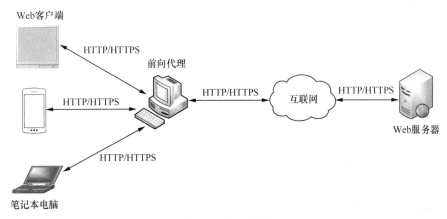

图 3-1　前向代理

反向代理是服务器的代理，如图 3-2 所示。对客户端来说，反向代理就是服务器，这也是它被称为反向代理的原因。

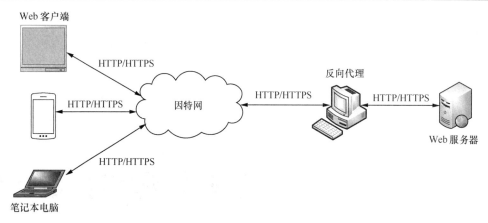

图 3-2 反向代理

因为反向代理放置在 Web 服务器之前，所以可以有下列作用。

- **负载均衡**：可以把反向代理当作负载均衡器使用，当新的请求到达时，反向代理可以根据一定的策略，将其转发给多个 Web 服务器中的一个。
- **服务加速**：反向代理可以将常用的静态内容（或者不经常变化的内容）缓存起来，这样当有请求到达时，如果能够在缓存中找到，就不用再将请求转发给后面的 Web 服务器了。反向代理还可以将来自 Web 服务器的响应压缩后发送给客户端，并将客户端发送的请求解压缩后发送给 Web 服务器。
- **请求鉴权**：反向代理将不具有相应权限的请求拒绝，减轻后面 Web 服务器的负担。

3.1.1 Nginx

Nginx 是非常著名的 Web 服务器。它最典型的用法是作为 Apache Web 服务器的反向代理。之所以这样用有以下几个原因。

- Apache 出现于 20 世纪 90 年代，那个时候的互联网规模还比较小。对于并发的请求，Apache 的策略是多进程和多线程，每个进程（线程）[①] 处理一个请求。因为单机的进程（线程）数目有上限，所以这种策略能够满足当时的需要，但当并发请求量非常大时就会有问题。
- 虽然同为 Web 服务器，但 Nginx 是专为高并发情况而设计的，其设计思路是采用 Linux/UNIX 提供的非阻塞的事件处理机制（如 epoll）来处理请求，这样，有限的线程就可以处理数量巨大的请求。也就是说，工作线程的数量并不与并发的请求数同比例增长，而是可以用较少的线程来处理大量的请求。

---

① Apache 支持多种多处理模块（Multiprocessing Module，MPM），其中一款称为 MPM Prefork，它是传统的多进程模型，每个进程中只有一个线程；还有一款称为 MPM Worker，它支持多个进程，而且每个进程中可以有许多线程。

- 因为 Nginx 的工作线程由多个请求共享，所以其每个请求的处理时间就不能太长，否则会造成请求阻塞。也正是因为这个原因，Nginx 的设计者选择了不在其内部进行任何动态内容的处理，而是将其转给外部的处理者，例如，转给配有 PHP 模块的 Apache。

这就是 Nginx 常作为 Apache 的反向代理用来处理静态内容的原因。

3.1.2　Tengine

Tengine 是淘宝开源的 Nginx 改造版。Tengine 针对超大规模网站的业务需要，对 Nginx 实现了很多增强功能，而且在淘宝网稳定运行多年。

从其官网可以了解到，Tengine 是基于 Nginx 1.8.1 的，与其完全兼容。主要的增强功能有：

- 可以动态加载模块，而无须重新编译；
- 支持 HTTP 2 协议；
- 支持动态语言 Lua 写的脚本，便于扩充系统功能；
- 更多的负载均衡选项，如一致性哈希；
- 更好的命令行支持。

3.1.3　Varnish

Varnish 是另一款著名的开源反向代理软件。Nginx 是大而全的，既可以用作独立的 Web 服务器，也可以用作 Apache 等的反向代理，而 Varnish 则专注于反向代理，其在设计上就是要配合 Apache 这样的 Web 服务器一起使用，而不能独立提供 Web 服务。

Varnish 在设计上有许多独到之处。

Varnish 将缓存的内容存储在 64 位操作系统的虚拟内存中，依赖于操作系统的动态页面换入换出（page-in/page-out）来管理缓存内容，而 Nginx 缓存的内容则存储在磁盘上。细心的读者一定会问，如果所有的内容都存储在虚拟内存中，那服务器宕机了怎么办呢？这个问题的答案是 Varnish 高可用性解决方案，感兴趣的读者可以自行参考。

那么，该缓存哪些内容,不缓存哪些内容呢？Nginx 的选择依据是 HTTP 协议的"Cache-Control"头，如果其内容为"Private""No-Cache""No-Store"（同时还要有"Set-Cookie"），就不缓存，否则就缓存。而 Varnish 则要灵活得多，用户可以通过一种领域相关语言 VCL（Varnish Configuration Language）来自定义缓存的规则。

更为有趣的是，对于 VCL 程序，Varnish 会把它翻译成 C 程序，然后编译成动态库。这样，运行时就可以动态加载它了。因此，VCL 程序运行时非常高效，因为它是编译执行的。

最后，需要注意的一点是，对于并发的请求，与 Apache 类似，Varnish 采用的也是每个请求对应一个线程。这种架构的缺点是难以如 Nginx 那样很好地处理极为大量的并发请求。

3.2　负载均衡

高可用性是指整个系统中没有单点故障。换句话说，就是不会因为任何单个组件的故障而导致整个系统不可用。负载均衡就是一种常用的、低成本的高可用性实现方法。

常用的负载均衡技术有以下几种：

- DNS 负载均衡；
- 硬件的负载均衡；
- 软件的负载均衡。

3.2.1　DNS 负载均衡

DNS 负载均衡比较简单，就是依据一定的算法（如轮询），当查询 DNS 服务时，对同一个域名从多个 IP 地址中返回其中之一。

DNS 负载均衡虽然简单，但有些严重的缺点。首先，DNS 服务器在返回 IP 地址时，并不验证该 IP 地址是否可用。其次，因为 DNS 查询有一定的时间开销，DNS 客户端都会缓存查询的结果。

因此，DNS 负载均衡只能用于很简单的情况，不能用于大型的分布式系统中。

3.2.2　硬件负载均衡

著名的硬件负载均衡器就是大名鼎鼎的 F5 了，不过据说很贵。

下面简单介绍一下硬件负载均衡的工作原理。如图 3-3 所示，假设有一个虚拟的 Web 服务器集群（其公网 IP 地址是 192.0.2.1），这个集群由两台 Web 服务器（172.16.1.11:80 和 172.16.1.12:80）和一台负载均衡器（192.0.2.1）组成。

下面是一个客户端（198.18.0.1）访问该 Web 服务器的过程。

（1）客户端向其公网 IP 地址 192.0.2.1:80 发送请求。

（2）负载均衡器接收到该请求，然后依照一定的算法（如轮询），从两台 Web 服务器（172.16.1.11:80 和 172.16.1.12:80）中选择一台来处理该请求。假设最后选择的是 172.16.1.11:80。

（3）负载均衡器修改该请求的目的 IP 地址为 172.16.1.11，然后继续转发该请求。

（4）172.16.1.11 收到该请求，处理后，将响应发送给客户端（198.18.0.1）。由于该 Web 服务器的路由表中将其下一条设置为负载均衡器，因此该响应会被发送给负载均衡器。

（5）负载均衡器收到响应后，将响应的源 IP 地址设置为负载均衡器的公网 IP 地址（192.0.2.1），然后继续转发该响应。

（6）客户端收到来自负载均衡器的响应。

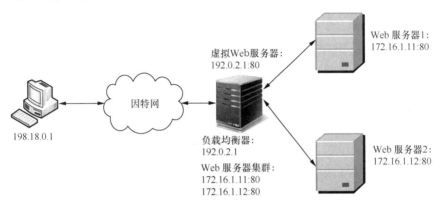

图 3-3　硬件负载均衡的工作原理

3.2.3　软件负载均衡

由于硬件负载均衡器价格昂贵，作为一个替代方案，软件负载均衡器应运而生。根据其工作原理，软件负载均衡器可分为 L4 负载均衡器与 L7 负载均衡器。顾名思义，L4 负载均衡器工作在 ISO/OSI 的第四层（传输层），因此它可以对 IP/TCP/UDP/ICMP 等网络层或传输层协议进行负载均衡；L7 负载均衡器工作在 ISO/OSI 的第七层（应用层），因此它可以对 HTTP/HTTPS 等应用层协议进行负载均衡。

1．Linux 虚拟服务器

Linux 虚拟服务器（Linux Virtual Server，LVS）是由中国工程师章文嵩博士提出的运行于 Linux 内核模式的软件负载均衡解决方案。LVS 从 Linux 内核 2.6.32 开始被加入内核代码中。LVS 的负载均衡是基于 IP 地址和 TCP/UDP 端口的，所以是 L4 负载均衡。关于 LVS 的详情，可以参考章文嵩博士的论文"Linux Virtual Server for Scalable Network Services"。

另外值得一提的是，LVS 经常与另一款开源的软件 Keepalived 联用。Keepalived 解决的是各个服务器的健康监控问题，如果某个服务器宕机了，可以将它从 LVS 的服务器池中移除。

2. HAProxy

与 LVS 不同，HAProxy（High Availability Proxy）是 L7 负载均衡，因此它能够根据 HTTP 请求来进行负载均衡。

如图 3-4 所示，可以利用 HAProxy 将访问 http://myserver1 与 http://myserver1/blog 的请求分配给不同的 Web 服务器。

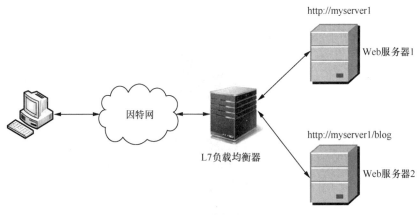

图 3-4　L7 负载均衡器示例

3. Nginx

从概念上讲，负载均衡本质上是一种特殊的反向代理。因此，作为一种通用的反向代理解决方案，Nginx 当然也可以用作负载均衡。

4. Apache Mod_proxy 模块

使用 Apache 的 mod_proxy 模块，可以将一台 Apache 服务器配置成负载均衡器，它根据一定的策略将请求转发给其他 Apache 服务器处理。这个负载均衡器和其他 Apache 服务器一起组成一个虚拟服务器，其工作方式类似于硬件负载均衡器。

第三部分

分布式中间件

典型的分布式系统的后端是非常复杂的。对于复杂的问题，人类常用的处理方式是"分而治之"。

分布式系统的后端虽然很复杂，但又有着许多共性。例如，都需要分布式协调组件来协调各个节点的动作，都需要分布式的存储系统来存储海量的数据，都需要分布式服务调用组件来简化后端服务的开发等。

这一部分介绍分布式系统后端常用的各种分布式中间件。

第 4 章

分布式同步服务中间件

在设计分布式系统时，如何提供一个可靠的锁服务，可靠的配置信息存储服务都是些常见的问题。

对于这种服务，提供一个单机版的实现（如 CORBA/RMI 的 Registry 服务）很容易，但是单机版服务存在单点故障的问题。

提供一个单机版的锁服务也很容易[①]，但问题依然是存在单点故障。

如图 4-1 所示，分布式同步服务就是提供分布式同步服务的组件，它对外提供的功能

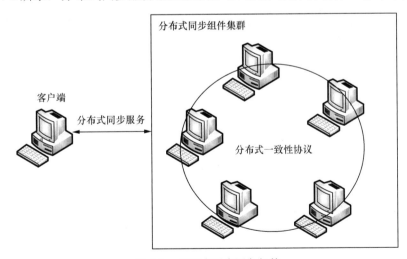

图 4-1　分布式同步服务架构

---

① 例如，一个远程的提供锁服务的进程，通过检查某个本地的文件是否存在来实现锁服务，若文件已经存在，就说明锁已经被别人持有，否则锁就处于空闲状态。

就如同一个单机的锁服务一样，但其内部是由多个节点组成的，而且节点之间通过某种分布式一致性协议（如 Paxos、Raft）来协调彼此的状态。如果其中一个节点崩溃了，其他节点就自动接管其功能，继续对外提供服务，好像什么都没有发生过一样。

4.1　分布式一致性协议

在分布式领域有一个很著名的 FLP[①]不可能性（FLP impossibility）定理，它给出了一个令人吃惊的结论：在异步通信的场景里，即使只有一个进程失败，也没有任何算法能保证那些没有失败的进程能够达成一致！

对 FLP 定理的证明过程不做详细介绍，这里只举一个例子让大家感受一下：在分布式环境下，多个进程要达成一致是多么困难。

假如有一个 5 个节点的分布式系统，每个节点上各运行一个进程，为描述方便，我们称这 5 个进程为 P1、P2、P3、P4 和 P5。我们再假设这 5 个进程上保存的是一个位（bit）的 5 个副本，现在客户端要读取这个位的值，就是要获知这个位到底是 0 还是 1。假设 P5 是这个集群的领导者，于是，客户端就向 P5 发送了查询请求，然后 P5 就向 P1、P2、P3 和 P4 分别发送了读取请求，过了一会儿，P5 就收到了 P1、P2 和 P3 的回复，P1 的回复是该位的值为 1，P2 和 P3 的回复是该位的值为 0，而 P5 自己保存的值是 1。这时 1 有"两票"，0 也有"两票"，因此，P5 就无法判断该位的值到底应该是 0 还是 1，于是，P5 只好等待 P4 的回复。按照少数服从多数的原则，如果 P4 的回复是 1，那么 P5 就会认为值为 1，如果回复是 0，P5 就会认为值为 0。然而，不幸的是，由于某种原因，例如，P4 宕机了，或者 P4 与 P5 之间的网络中断了，导致 P5 迟迟收不到 P4 的回复。结果就是，过了很长一段时间，P5 还是无法知道该位的值到底是 1 还是 0。

尽管 FLP 定理表明不存在满足完全一致性的异步算法，但如果放松一些条件，还是可以实现一个实际上可用的系统，这就是 Paxos、Raft、Ark 这些算法存在的原因。Paxos 算法解决 FLP 不可能性的办法是，如果当前的领导者宕机了，就再按照一定的规则选出新的领导者，这可以在很大程度上减小达不成一致的可能性。但如果始终选不出新的领导者，Paxos 算法还是始终无法达成一致。因此，Paxos 算法并没有打破 FLP 不可能性定理。

除 Paxos、Raft、Ark 这些算法外，一致性达成算法还有很多，如大家都很熟悉的两阶段提交协议（two-phrase commit，2PC）、三阶段提交协议（three-phrase commit，3PC）和增强型三阶段提交协议（enhanced three-phrase commit，E3PC）等。

分布式一致性协议分为基于状态机的复制协议（state machine replication protocol）和基于主副本的复制协议（primary copy replication protocol）两大类。

基于状态机的复制协议，又称为主动复制协议（active replication protocol），如 Paxos

---

① FLP 是三位作者名字（Fischer、Lynch 和 Paterson）首字母的缩写。

和 Raft，其思想如下。

- 集群中的每个节点，即数据副本（replica）都可以响应客户的请求，如果某个节点 A 响应了客户的请求，就由 A 将该请求发送给集群中的每个节点。
- 集群中的每个节点都维护一个状态机，当有新请求到达时，节点的状态机就迁移到新状态。为了保证数据的一致性，无论这些请求以什么样的顺序到达，每个节点都按照同样的顺序执行一系列的用户请求。
- 因为协议里已经包含了领导选举的过程，所以不需要单独的领导选举协议。

基于主副本的复制协议，又称为被动复制协议（passive replication protocol），如 ZAB（ZooKeeper Atomic Broadcast）协议，其思想如下。

- 只有主副本处理客户请求。
- 每隔一段时间，主副本就给其他节点发送一个变化更新。
- 为了处理主副本宕机的情况，还需要一个额外的领导选举协议。

无论是哪种一致性协议，实现起来都非常复杂，也有很多细节需要注意，要想正确地实现一个分布式一致性协议是非常困难的。因此，在实际工程中，除非特别有必要，还是要尽可能采用成熟的开源版本。Paxos 现在有开源的代码库形式的实现，可以很方便地嵌入自己的解决方案中。

4.2　分布式同步服务中间件简介

大规模的分布式系统都需要某种形式的同步服务，分布式同步服务中间件就是这样的一种组件，它使用上节介绍的某种分布式一致性协议，提供分布式环境下的同步服务。

可以使用分布式服务中间件解决很多问题，下面是几个例子。

例如，在一个主从式（master/slave）分布式文件系统的集群中，有一个节点是主节点，其余为从节点，但如果当前的主节点宕机了，则从剩余的从节点中选出一个新的主节点。在这样的系统中，如何知道当前主节点是谁呢？换句话说，当前主节点的地址（或名称）信息存放在哪里呢？如果将其存放在某个众所周知的节点上，则会有单点故障的风险。分布式服务中间件就可以解决这个分布式配置管理问题。

又如，一个分布式的工作进程池（worker pool）集群，集群中有多个工作者节点，它们都接收并完成发布者（publisher）分配给它们的任务。由于集群中的成员数量是动态变化的（例如，有旧节点故障或者有新节点加入等），那么，任务调度者如何知道集群中当前有哪些工作者节点呢？这种分布式组成员管理问题也可以由分布式服务中间件解决。

再如，上面集群中的多个工作者节点都共享一个任务队列，那么，当从该队列中添加、删除任务时就需要一个分布式的锁服务。这个问题，分布式服务中间件也同样可以解决。

通过上面的几个例子我们可以看出，在大型的分布式系统中，分布式同步服务提供的功能类似于单机操作系统（Windows、Linux 等）提供的进程（或线程）同步功能，如信号量（semaphore）、互斥量（mutex）、事件（event）等。这些分布式同步服务功能，对构建一个分布式系统来说，都是非常重要的，也是非常基本的。

4.3 分布式同步服务中间件的实现原理

下面我们以谷歌公司的 Chubby 系统为例，介绍一下分布式同步服务中间件的实现原理。

Chubby 是谷歌公司实现的以 Paxos 协议为基础的分布式同步服务。另外，还可以在 Chubby 上面存放少量的共享信息，因此也可以用 Chubby 实现 Registry 服务。

一个 Chubby 部署实例称为一个单元（cell）。一个单元由多个副本组成，当前提供服务的副本称为主副本（master replica），其他副本称为非主副本（non-master replica）。

4.3.1 架构

图 4-2 给出了 Chubby 的架构。

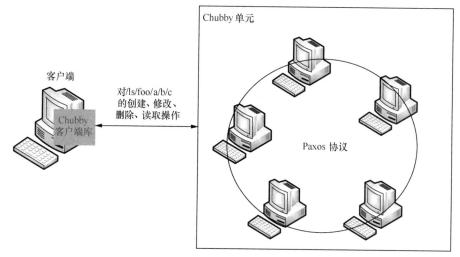

图 4-2 谷歌的 Chubby 架构

客户端通过一个 Chubby 客户端库与 Chubby 单元通信。每个客户端都保存了单元中所有副本所在的节点列表。

客户端先给副本节点列表中的机器发送一个主副本位置查询请求，如果非主副本收到该消息，就返回主副本的标识；如果主副本收到该消息，就返回自己的标识。知道主副本标识后，客户端就直接与主副本通信。

4.3.2 如何消除单点故障

在同一时刻，一个单元中只有一个主副本对外提供服务。

单元启动后，会通过 Paxos 协议选举出一个主副本。选举出的主副本有一个几秒的租约期。其他副本承诺在该租约到期前不会选举新的主副本。租约到期后，主副本可以续约，前提是它能够获得多数副本的同意。如果主副本宕机了，在当前主副本租约到期后，其他副本会通过 Paxos 协议选举出一个新的主副本。

4.3.3 Chubby 对外提供的 API

Chubby 将其保存的信息组织成类似于文件系统的形式，存储在目录和文件中，每个目录或文件都有一个名称。目录和文件系统称为节点。

- 每个节点都有访问控制列表（access control list，ACL）信息，以控制读、写、修改访问的权限。
- 目录或文件可以是持久的，也可以是临时的。对于临时的目录或文件，当没有处于打开状态的句柄时，Chubby 会自动将其删除。
- 客户端调用 Open()操作获得一个名称（如“/ls/foo/a/b/c”）的句柄，调用 Open()操作时还可以指定订阅的通知事件（如子节点的删除、添加、修改，或者子节点内容有更新等事件），这样的话，如果相应的事件发生了，Chubby 客户端会收到通知。

一个典型的 Chubby 名称是“/ls/foo/a/b/c”，其中，“ls”代表“lock service”，是所有 Chubby 名称的前缀；“foo”是 Chubby 单元的名称；“/a/b/c”由 Chubby 单元自行解释。

Chubby 对外提供的 API 主要有以下几个。

- Open()：打开一个文件或目录，返回一个句柄。
- Close()：关闭 Open()返回的句柄。
- GetContentsAndStat()：返回一个文件的全部内容和元数据。文件内容的读取是原子操作。
- GetStat()：仅返回文件的元数据。
- ReadDir()：返回一个目录中包含的文件和子目录的名称和元数据。
- SetContents()：写文件的内容。写操作是原子的，而且对文件的全部内容进行更新，不支持仅修改文件的部分内容。
- SetACL()：修改权限控制列表。
- Delete()：如果一个节点已经没有子节点了，就删除之。
- Acquire()：获得锁。

- TryAcquire()：试图获得锁。
- Release()：释放锁。

4.3.4 数据库

Chubby 的目录和文件信息都存放在数据库①中。Chubby 使用的数据库是带有复制功能的 Berkeley DB。但考虑到 Berkeley DB 的复制功能是新增加的，Chubby 的后续版本就实现了一个与 Berkeley DB 类似的分布式数据库，以替代 Berkeley DB。

4.3.5 Chubby 使用示例：集群的主服务器选举

如 Bigtable 这样的分布式系统，为了消除单点故障，承担重要作用的服务（如 Bigtable Master）经常采用主从方式，同一时刻只有一个主服务器提供服务，其他从服务器监控着主服务器的状态，一旦主服务器宕机，就立即接管主服务器提供的服务。代码清单 4-1 演示了如何利用 Chubby 来实现这种集群中的主服务器选举功能。

代码清单 4-1　Chubby 应用举例：集群中主服务器选举

```
1.  Open("/ls/foo/OurServicePrimary", "write mode");
2.  if (successful) {
3.      // primary
4.      SetContents(primary_identity);
5.  } else {
6.      // replica
7.      //注意：下面的 Open()调用注册了一个回调函数 on-file-modification-event()，
8.      //当文件内容或者文件的元数据有变化时，此回调函数会被调用
9.      Open("/ls/foo/OurServicePrimary", "read mode", on-file-modification-event);
10. }
11.
12. on-file-modification-event(){
13.     //获得新的主服务器信息
14.     primary = GetContentsAndStat();
15.     ...
16. }
```

4.4　其他分布式同步服务中间件

除了谷歌的 Chubby，还有一些知名的分布式同步服务中间件，下面简要做一下介绍。

---

① 这里的数据库不是指关系型数据库，而是指存储引擎。

4.4.1　Linux 心跳机制

Linux 心跳（heartbeat）机制并不能算作是分布式同步服务，但因其应用广泛，也在此也做一简单介绍。

对于所有机器都在一个广播域中的 Linux 集群，例如，只有两台机器的双机热副本集群，有一种简单的解决双机之间同步的方案，即 Linux 心跳机制。这种方案仅依赖于 Linux 内核的支持，而不需要任何额外的组件。

我们都知道地址解析协议（Address Resolution Protocol，ARP），即将 IP 地址映射成 MAC 地址的协议。客户端需要和地址为某个 IP 的节点通信时，先广播一个 ARP 请求，请求里包含了欲解析的 IP 地址，收到该请求的节点会比较其自身的 IP 是否与欲解析的 IP 一致，如果是，则发送一个 ARP 响应给客户端，响应里有该节点的 MAC 地址。因为每次解析都比较耗时，所以每个客户端都维护了一个 ARP 缓存（由内核态的 TCP/IP 协议栈维护），每次解析前，客户端先查询缓存，如果缓存里已经有欲解析 IP 的 MAC 地址，就不用再解析了。

由于 ARP 缓存的原因，如果与某个 IP 地址对应的 MAC 地址变了，而客户端的缓存又没有过期，那么客户端会从缓存中得到过时的 MAC 地址。为了解决这个问题，Linux 内核支持一种 Gratuitous ARP，通过它，发送者可以告诉客户端其 IP 对应的新 MAC 地址。

利用 Gratuitous ARP，Linux Heartbeat 将多个 Linux 服务器绑定在一个虚拟 IP 上。这些服务器中，只有一个处于活动状态，其他的都处于待机状态。待机服务器和活动服务器之间有周期性心跳。如果活动服务器宕机了，待机服务器就可以发现这一点，然后发送一个 Gratuitous ARP，通知其他的机器该 IP 对应的 MAC 地址变成其 MAC 地址了。

4.4.2　ZooKeeper

Apache ZooKeeper 是谷歌 Chubby 的开源实现，因此，其架构与设计也与 Chubby 基本相同。不过，与 Chubby 不同的是，ZooKeeper 采用的一致性协议不是 Paxos，而是 ZAB。与 Paxos 不同，ZAB 协议中不包括领导选举过程，因此还需要一个领导选举协议。

ZooKeeper 的客户端也是通过 Java/C 客户端库与 ZooKeeper 服务通信的。

ZooKeeper 中的信息都存放在被称为 znode 的数据节点上。与 Chubby 类似，znode 也有两种类型，即普通 znode 和临时 znode。普通 znode 下面可以有子节点，但临时 znode 下面不可以有子节点。因此，所有的 znode 也被组织成类似于一棵文件系统的树的形式。

ZooKeeper 提供的 API 也与 Chubby 类似，且大都支持异步操作。

ZooKeeper 给客户端提供下面两项保证。

（1）线性化的写支持，即所有的更新操作以某种次序顺序执行，只有当前面的更新操作结束后，下一个写操作才会被执行。

（2）先进先出的客户端顺序，即一个客户端发起的所有操作，按照其发起的顺序执行。

4.4.3　iNexus

iNexus 是百度开源的分布式协调组件，其功能与谷歌的 Chubby 类似，但实现上差别很大。

与 Chubby/ZooKeeper 采用的一致性协议都不同，iNexus 采用的是 Raft。

客户端通过一个 iNexus C++/Python 客户端库与 iNexus 集群通信。客户端与 iNexus 集群间的通信采用百度的 sofa-pbrpc 轻量级 RPC 框架。sofa-pbrpc 是基于谷歌的 Protocol Buffers 实现的一个分布式 RPC 框架。

与 Chubby/ZooKeeper 不同，iNexus 没有将其保存的信息抽象成树形结构，而是抽象成哈希表的形式。下面是几个 iNexus API 函数，读者可以与前面的 Chubby API 比较一下。

- 写入：bool Put(key[IN], value[IN], error[OUT])。
- 读取：bool Get(key[IN], value[OUT], error[OUT])。
- 删除：bool Delete(key[IN], error[OUT])。
- 变更监视：bool Watch(key[IN], callback[IN], context[IN], error[OUT])。
- 尝试加锁：bool TryLock(key[IN], error[OUT])。
- 锁定：bool Lock(key[IN], error[OUT])。
- 解锁：bool UnLock(key[IN], error[OUT])。

4.5　分布式同步服务的应用

下面我们看一个分布式同步服务的应用。

假设有一个分布式的调度者-工作者（dispatcher-worker）集群。集群由 N 个节点组成，其中一个节点是调度者，其余 $N-1$ 个节点都是工作者。调度者负责将任务分派给工作者，工作者负责完成分派给它的工作。集群启动时，N 个节点竞争调度者角色，最后会有且仅有一个节点成为调度者。如果当前调度者宕机了，那么剩余的 $N-1$ 个节点会竞争新的调度者角色，当然，最后还是会有一个节点成为调度者。

这里我们采用 ZooKeeper 作为集群的分布式同步服务提供者。我们采用下面的策略来选举调度者：谁能够在 ZooKeeper 上面成功创建 "/master" 节点，谁就是新的调度者。

图 4-3 描述了集群中每个节点的角色转换过程。

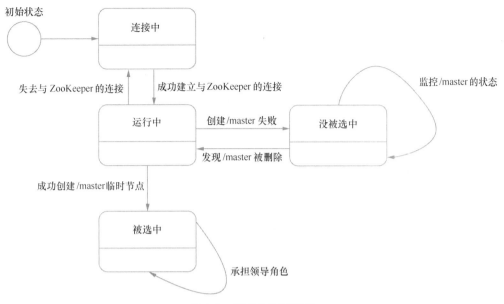

图 4-3　节点角色转换图

为了分派任务，我们预先在 ZooKeeper 上创建了以下几个普通节点。

- 节点/workers：每个工作者节点都要在此节点下创建一个代表它自己的临时节点。
- 节点/tasks：客户端每提交一个任务，就在该目录下创建一个对应的临时节点。
- 节点/assign：每个工作者节点都要在此节点下创建一个普通节点，调度者通过在该节点下创建新节点，来给该工作者分派任务。
- 节点/status：工作者完成一个工作后，就将其/assign/<工作者>下的节点删除，然后再在/status 下创建一个节点。客户端通过接收/status 下节点的状态变化事件，就可以获知任务的完成信息。

下面来看一下任务完成的具体过程。

（1）客户端库接收到两个新的任务（task-1 和 task-2），于是就创建了两个新的临时节点，即/tasks/task-1 和/tasks/task-2。

（2）如图 4-4 所示，由于注册了/tasks 的状态变化通知，调度者节点发现了/tasks/task-1 和/tasks/task-2 节点。

（3）如图 4-5 所示，对于新发现的每个任务，调度者随机选一个工作者，然后将该任务分派给这个工作者，即将该任务移到/assign 目录下与其对应的 worker 目录下。

（4）如图 4-6 所示，工作者处理分派给它的任务。处理完成之后，就将其移到/status 目录下，且状态变为"done"。

（5）如图 4-7 所示，客户端在/status 目录下发现了它以前提交的任务，且其状态为"done"，知道这些任务已经执行成功了，就将其从/status 目录下删除。

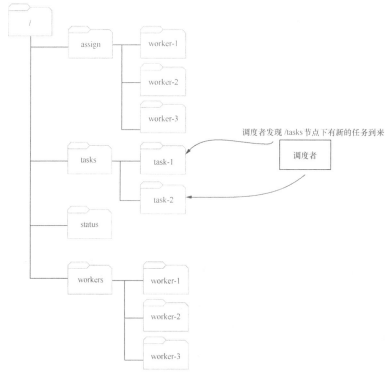

图 4-4　调度者发现/tasks 节点下有新的任务到来

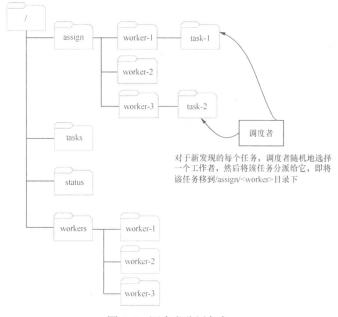

图 4-5　调度者分派任务

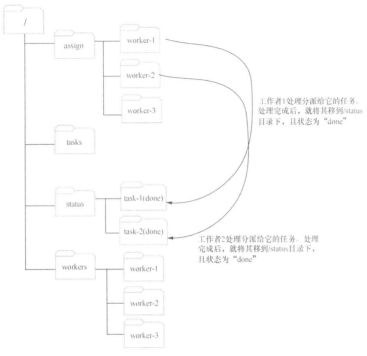

图 4-6　工作者处理分派给它的任务

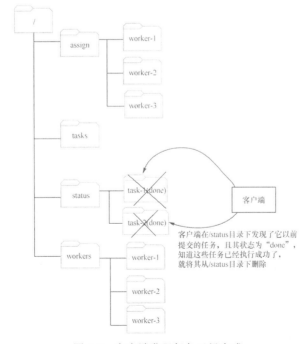

图 4-7　客户端发现任务已经完成

第5章

关系型数据库访问中间件

业务发展到一定阶段后，很多互联网公司都遇到的一个技术问题是单机数据库系统的能力已被发挥到了极致，无法再垂直扩展了，因此水平扩展就成了唯一的选择。

如果业务数据之间的关联性不强，可以选择 NoSQL[①]数据库，因为这些 NoSQL 数据库大都有很好的水平可扩展性。但是，如果数据之间的关联性很强，经常需要进行跨表的连接（join）操作，在这种情况下，还使用 NoSQL 的话，应用将不得不做很多工作（主要是处理连接操作），这将是一个不小的负担。因此，另一种选择是使用 SQL 数据库，但是因为数据量巨大，单个 SQL 数据库常常无法容纳得下，所以不得不将数据进行某种形式的分割，然后存储在多个 SQL 数据库（或表）中，查询时应用将请求发送到多个 SQL 数据库，然后再将返回结果汇总。

按照这种思路，一些大型应用开始在持久层（persistence layer）支持分库和分表。分库即根据不同业务的需要，将一个库分为多个库，例如，将一个电商的 SQL 数据库拆分为用户信息库、交易信息库、商家信息库，不同的库之间通过定义良好的 API 通信。分表即将一张表拆分为多张表，分别存储在不同的 SQL 数据库中，由持久层进行 SQL 的拆分和查询结果的聚合。

在持久层支持分库分表需要每个应用都实现一遍分库分表的逻辑，于是，很自然地，就有人考虑将分库分表的逻辑分离出来。这个分离出来的部分，就是所谓的数据库访问中间件。

---

① NoSQL（Not only SQL）有别于传统的关系型数据库，是不满足 ACID 属性的新型数据库的统称。

5.1　数据库访问中间件的形式

常见的数据库访问中间件有下面两种形式。

- 客户端程序库，如 Java Jar 包，如图 5-1 所示。阿里巴巴的 TDDL（Taobao Distributed Database Layer）就是这种形式的一个例子。这种方式的优点是性能高，因为应用直接访问数据库，不需要经过别的服务器转发，但缺点是对应用有侵入。

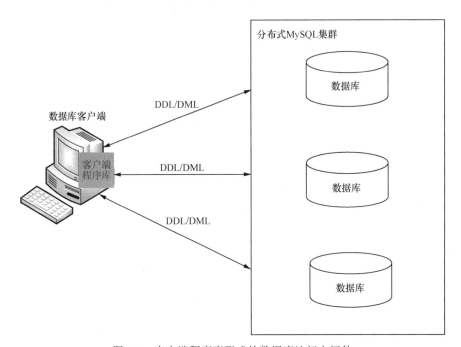

图 5-1　客户端程序库形式的数据库访问中间件

- 数据库代理服务器，如图 5-2 所示。应用程序不需要任何修改，而只需要把要链接的数据库服务器的名称和端口替换成代理服务器的机器名和端口。阿里巴巴的 Cobar、MyCAT、Heisenberg 都是这种形式的。这种形式的优点是对应用零侵入，缺点是性能低些，因为每次数据库操作都需要代理进行转发。

另外，还有一点需要提及的是，数据库中间件大多是针对 MySQL 的，原因很简单，因为它开源、免费。

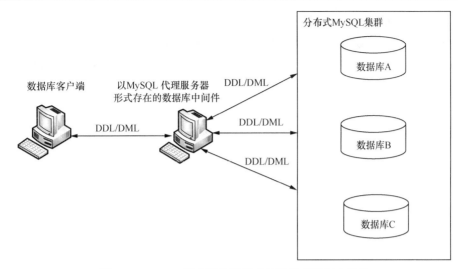

图 5-2 MySQL 代理服务器形式的数据库访问中间件

5.2 数据库访问中间件的工作原理

无论采用什么样的形式，数据库访问中间件的工作原理都是一样的。下面以图 5-3 所示的代理服务器形式的中间件为例简述其工作原理。

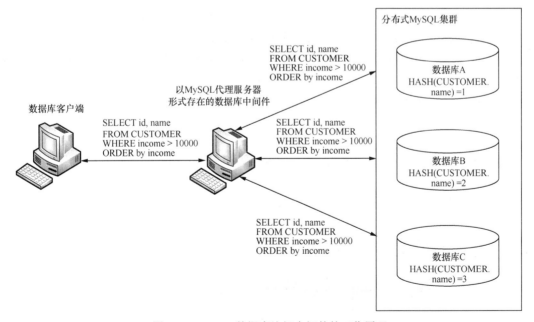

图 5-3 MySQL 数据库访问中间件的工作原理

假如有代码清单 5-1 所示的 MySQL CUSTOMER 表。因为客户数量巨大，单个 MySQL 实例无法满足性能和存储空间的需要，所以我们决定将其分成 3 个库存储。根据 CUSTOMER 表的 name 字段分库存储，如果哈希函数 HASH（CUSTOMER.name）的结果为 1，则存储在库 A 上，为 2 时存储在库 B 上，为 3 时存储在库 C 上。

代码清单 5-1　MySQL CUSTOMER 表

```
1. CREATE TABLE CUSTOMER (
2.     id      INT NOT NULL AUTO_INCREMENT,
3.     name    VARCHAR(20),
4.     address VARCHAR(20),
5.     income  INT,
6.     ...
7.     PRIMARY KEY (id));
```

假如现在客户端要进行代码清单 5-2 所示的查询。

代码清单 5-2　客户端要进行的查询示例

```
1. SELECT id, name
2. FROM CUSTOMER
3. WHERE income > 10000
4. ORDER by income
```

下面是整个查询的执行过程。

（1）数据库中间件收到客户端发送的 SQL 语句。

（2）中间件对 SQL 语句进行解析，得到要查询的表名为 CUSTOMER。

（3）中间件查询配置信息，得知 CUSTOMER 表的存储位置（数据库 A、B 和 C）。

（4）中间件对 SQL 语句进行解析后还发现，数据库 A、B 和 C 上都可能有需要的查询结果，因此，将 SQL 语句同时发送给数据库 A、B 和 C。必要的话，还有可能对 SQL 语句进行修改。这一步称为 SQL 语句的拆分。

（5）数据库 A、B 和 C 执行收到的 SQL 语句，然后将查询结果发送给数据库中间件。

（6）中间件收到来自数据库 A、B 和 C 的全部结果后，将所有结果汇总起来。然后，根据查询 SQL 语句的要求（ORDER by income），根据"income"字段进行排序。这一步称为 SQL 结果的合并。

（7）中间件将最后的结果返回给客户端。

5.3　著名的数据库访问中间件

下面就一些知名的数据库中间件做一个简要的介绍。

5.3.1　MySQL 代理

MySQL 代理是 MySQL 官方提供的一个工具。

我们知道，MySQL 的客户端与服务器端有着定义良好的通信协议，而 MySQL 代理就是放置在 MySQL 客户端与服务器端中间的一个组件。对 MySQL 客户端而言，它就像真正的 MySQL 服务器；而对 MySQL 服务器而言，它就如真正的 MySQL 客户端。换句话说，MySQL 代理就是处于 MySQL 客户端与 MySQL 服务器之间的一个中间件，如图 5-2 所示。

因为所有的 SQL 语句都经过 MySQL 代理，所以，MySQL 代理不仅可以记录所有的数据库操作，还可以修改客户端发过来的 SQL 语句。例如，可以使用 MySQL 代理实现数据库的读写分离，做法是将所有的 SELECT 语句发送给 MySQL 从服务器，而将其他的 INSERT/DELETE/UPDATE 等写操作发送给 MySQL 主服务器。还可以对 MySQL 服务器返回的结果进行过滤、重组。也可以使用 MySQL 代理实现简单的分库分表，将多个 MySQL 服务器返回的结果进行合并，让客户端以为所有的数据都存在一个库的一张表中。

为了方便定制其行为，MySQL 代理还内置了一个 Lua 解释器，这样就可以通过 Lua 脚本语言来实现读写分离、分库分表、过滤、鉴权等逻辑。

MySQL 代理支持下面的 Lua 回调函数，如图 5-4 所示。

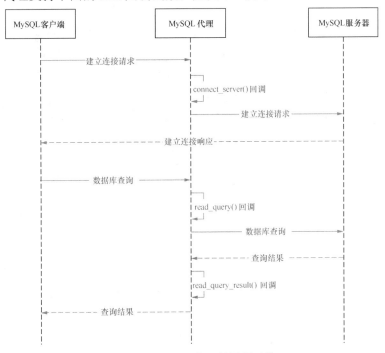

图 5-4　MySQL 代理的回调函数

- connect_server()：每次客户端和 MySQL 代理建立连接时，该回调函数就会被执行。你可以利用这个机会决定和哪个后台的 MySQL 服务器建立连接，以实现你自己的负载均衡策略。如果你不提供这个回调函数的实现，那么 MySQL 代理默认采用轮询的策略。
- read_query()：每次客户端提交查询后，该回调函数就会被执行。你可以利用这个机会决定和哪个后台的 MySQL 服务器建立连接，以实现你自己的读写分离、分库分表等策略。只有当该调用返回后，查询才真正被发送给 MySQL 服务器执行。
- read_query_result()：当 MySQL 服务器返回查询结果后，在将结果返回给客户端之前，该回调函数会被调用。只有当该调用返回后，查询结果才真正被发送给客户端。

5.3.2　Cobar

Cobar 是阿里巴巴开源的基于 MySQL 代理的数据库中间件，也是 MyCAT、Heisenberg 等国内开源数据库中间件的鼻祖。

图 5-5 给出的是 Cobar 的架构，其中有几点需要说明一下。

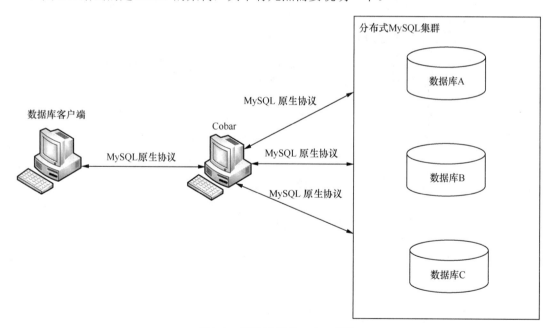

图 5-5　阿里巴巴的 Cobar 架构

- Cobar 是 MySQL 代理形式的中间件。
- 对 Cobar 客户端来说，Cobar 和 MySQL 服务器没有什么区别。Cobar 与其客户端之间的通信协议是 MySQL 协议。因此，现有的 MySQL 客户端与 MySQL 服务器的通信方式（如 JDBC、MySQL 客户端等），Cobar 客户端都可以用。

- Cobar 与 MySQL 服务器之间的通信协议也是 MySQL 协议，而不是 JDBC。因此，Cobar 的后端就只能是 MySQL，而不能是 Oracle 或其他 RDBMS。

5.3.3 TDDL

TDDL（Taobao distributed database layer）据说是 Cobar 的升级产品，不开源。因为 Cobar 采用的是 MySQL 代理实现方式，它访问数据库时的性能没有直接访问数据库时高。鉴于此，TDDL 采用了客户端库（即 Java Jar 包）的形式，在 Jar 包中封装了分库分表逻辑。而多个使用 TDDL 的节点间共享的数据源配置信息，则集中存放在一个称为 Diamond 的集中式配置管理服务中。

TDDL 实现的功能与 Cobar 没有什么区别，只是通过直接和数据库建立连接，提高了数据库的访问性能而已。但缺点也是显而易见的，一是无法在不同应用间共享数据库连接[①]，二是 Jar 包的升级和发布比较麻烦，没有 Cobar 这种集中式的代理方便，三是对应用有侵入。

5.3.4 MyCAT

MyCAT 是基于 Cobar 的社区开源项目，其初衷是为了解决 Cobar 的一些严重缺陷，如不支持读写分离等。

MyCAT 与 Cobar 的架构是一脉相承的，也是一个代理形式的数据库中间件。MyCAT 与其客户端之间的通信协议也是 MySQL 协议，因此客户端可以通过 JDBC 或者 MySQL 协议与 MyCAT 通信。与后端的通信协议既支持 MySQL 协议，也支持 JDBC。这样，后端数据库就不仅支持 MySQL 服务器，也可以是 Oracle、SQL Server 等。

MyCAT 支持读写分离，且后端线程采用异步方式的 Java NIO。

5.3.5 Heisenberg

Heisenberg 改编自 Cobar，因此其架构与 Cobar 类似，也是一个基于 MySQL 代理的数据库中间件。

和前面介绍的几种中间件类似，Heisenberg 也支持分库分表，使用分库表就如同使用

---

① 因为每个 TDDL 应用都直接与数据库建立连接，所以，不同的 TDDL 应用不能共享数据库连接。而 Cobar 的数据库连接是由 Cobar 建立的，所以，不同的 Cobar 应用可以共享数据库连接。

单库表一样，支持水平扩展。

　　Heisenberg 和其客户端的通信协议也是 MySQL 原生协议，因此所有能够访问支持 MySQL 数据库的程序都可以访问 Heisenberg。要获取更多细节请参考其 GitHub 上面的源代码。

5.4　数据库访问中间件的应用

　　下面我们看一些数据库访问中间件的应用。

5.4.1　使用 MySQL 代理实现读写数据库分离

　　假设我们有 3 个 MySQL 服务器，分别为 M1、M2 和 M3。再假如系统中的读写业务量之比大概为 7:3。

　　为了获得大的系统吞吐率，可以使用 Lua 语言开发一个 MySQL 代理，以实现读写业务的分离，即将所有的写操作交给 M1 处理，而读操作则由 M2 和 M3 轮流处理。

　　那么该实现很简单，只需要实现一个 read_query()回调即可。代码清单 5-3 是该回调的伪码。

代码清单 5-3　read_query()回调

```
1. function read_query( packet )
2.     proxy.connection.backend_ndx = 0
3.
4.     if not is_in_transaction and cmd.type == proxy.COM_QUERY then
5.         if stmt.token_name == "TK_SQL_SELECT" then
6.             proxy.connection.backend_ndx = M2 or M3
7.         end
8.     end
9.
10.    if proxy.connection.backend_ndx == 0 then
11.        proxy.connection.backend_ndx = M1
12.    end
13.
14.    return proxy.PROXY_SEND_QUERY
15. end
```

5.4.2　研发自己的数据库中间件，实现 MySQL 的分库分表

　　之所以存在那么多 MySQL 的数据库访问中间件，最根本的原因是 MySQL 是个开源

软件，其客户端和服务器端之间的协议是完全公开的。

如果官方的 MySQL 代理或者其他的数据库中间件（如 Cobar）能够满足自己的需要，就最好不过。但如果自己的需求稍微复杂一些，用 Lua 实现略显笨拙，但又不是特别复杂，没有必要引入一个如 Cobar 这样的中间件，在这种情况下，就可以考虑实现自己的数据库中间件。

实现自己的数据库中间件，表面上看起来很难，然而，因为有 Cobar 这样的开源软件存在，已经对 MySQL 客户端和服务器端之间的协议和 SQL 语言的解析器等有了很好的支持，实际上实现自己的数据库中间件并非难事。

实现自己的数据库中间件，其最大的好处是可维护性好（毕竟是自己开发的代码），而且也会比那些通用的中间件轻巧（因为只需要实现自己需要的功能，不需要大而全）。

第 6 章

分布式服务调用中间件

远程过程调用（Remote Procedure Call，RPC）是一种非常传统的技术，通过它，可以跨进程、跨机器（操作系统可以相同，也可以不同）进行过程调用。业界早已有很多成熟的 RPC 技术，如 CORBA、DCOM、Java RMI、.NET WCF、Web Service、REST 风格 Web Service 等。

然而，这些传统的 RPC 技术各有其缺点，都不太适合当今互联网环境的需要。例如，CORBA、DCOM、Java RMI 无法在互联网上使用；.NET WCF 在.NET 平台外很难使用；Web service、REST 风格 Web service 都是基于 HTTP 1 的，因此就具备了 HTTP 1 的所有缺点，如队头阻塞（head of line blocking）[1]、不支持服务器端推送等[2]。

于是，为了满足自己业务的需要，各大互联网公司推出并开源了多款分布式服务调用中间件，以满足分布式环境下的 RPC 需要。

6.1 分布式服务调用中间件简介

RPC 的基础是序列化（marshalling）和反序列化（unmarshalling），因为一切 RPC 消息、参数、返回值和异常等都需要被序列化后才能跨节点传递。业界对此也早已有非常成熟的解决方案（如 JSON、XML、Java Object Serialization 等），但这些技术各有其优缺点，例如，JSON、XML 是基于文本的，编码效率低，Java Object Serialization 仅限于 Java 语言，

---

① Web 服务器对每个客户端的 TCP 连接数有限制（通常为 6）。因此，如果一个客户端和某个服务器的 TCP 连接数已经达到了最大值，则新的 TCP 连接无法建立，必须要等到某个先前的连接关闭为止。这个由于先前的连接没有关闭，导致新连接无法建立的问题，称为队头阻塞。对于 HTTP 1.1，因为不支持请求复用，所以有队头阻塞问题。但 HTTP 2 支持多个 HTTP 请求复用一个 TCP 连接，所以在很大程度上解决了这个问题。

② 也正是因为 HTTP 1 的这些缺陷，谷歌的 RPC 框架 gRPC 选择了基于 HTTP 2 协议。

而谷歌开源的 Protocol Buffers 则很好地解决了这些问题。

在 Protocol Buffers 的基础上，谷歌开发并开源了它的 RPC 解决方案 gRPC。gRPC 的传输协议是 HTTP 2 协议。采用 HTTP 的好处是能够支持各种平台（包括移动设备）、各种语言。采用 HTTP 2 是为了规避前面提到的 HTTP 1 的一些缺陷，如队头阻塞和不支持服务器端推送问题。

Facebook 的情况则与谷歌不同，他们面临的主要问题是不同语言（PHP、Python、C++等）写的大量服务之间的通信问题，因此 Facebook 需要的是一个跨语言的解决方案，于是 Facebook 推出了 Thrift。

以阿里巴巴为代表的中国互联网公司则更进一步，他们不仅需要解决传统的 RPC 问题，还需要对大量的服务进行管理（即所谓的服务治理），否则，因为服务数量众多而且相互间的复杂依赖，连架构师自己都搞不清楚某个服务到底依赖哪些服务，又被多少个服务所依赖，于是就有了 Dubbo/Dubbox 和 Motan。

百度的 sofa-pbrpc 则又略有不同，它解决的是内网中大量的异步调用问题，服务的数量不多，但调用量却异常大（即每秒的调用次数很多），而且是清一色的 Linux 系统之间的调用，因此，sofa-pbrpc 采用的是 epoll+Protocol Buffers 方案。

除了本章讨论的著名 RPC 技术，比较著名的 RPC 技术还有 Twitter 开源的 Finagle、京东的 JSF。尽管 JSF 不是开源的，但从其公开的资料看，其设计理念和思想与 Dubbo 并无二致。

6.2 分布式服务调用中间件的实现原理

下面以阿里巴巴开源的 Dubbo 为例，介绍一下分布式服务调用中间件的实现原理。

随着业务的发展，在阿里巴巴内部，渐渐有了许多服务，为了容错，这些服务往往又有多个实例，而且，服务之间又有着复杂的依赖关系，例如，服务 A 依赖服务 B 和 C，服务 B 又依赖服务 D、E 和 F，而服务 C 又依赖其他服务等，以至于很难搞清楚每个服务到底依赖哪些服务。在这种背景下，就产生了 Dubbo。

Dubbo 是阿里巴巴开源的、基于 Java 的著名"RPC+分布式服务治理"框架。说它是"RPC 框架"，是因为它与 gRPC、Thrift 类似，可以基于 Dubbo 开发 RPC 应用程序；说它是"分布式服务治理框架"，是因为 Dubbo 还支持服务的注册、查询、动态负载均衡、服务调用统计等功能。

6.2.1 Dubbo 的架构

Dubbo 架构如图 6-1 所示。

图 6-1　Dubbo 的工作方式

这个架构有以下 4 种组件。

- Dubbo 服务器：对外提供服务的组件，服务由 Java 语言的接口描述，因此不需要新的接口定义语言，这一点与 gRPC 和 Thrift 不同。
- Dubbo 客户端：Dubbo 服务的消费者。
- 服务注册中心：所有的 Dubbo 服务必须先向服务注册中心注册。客户向服务注册中心查询提供某个 Java 接口的服务列表。在调用服务时，如果有多个提供者，就按照某种负载均衡算法（如简单的轮询）进行负载均衡。
- 服务监控中心：服务器端和客户端每隔一定的时间，就将一些监控信息（如某个方法的调用次数、调用时消耗的时长等）发送给服务监控中心。

6.2.2　Dubbo 中各组件的交互

Dubbo 各组件的交互方式如图 6-1 所示。

（1）Dubbo 服务器端启动后向服务注册中心注册它提供的服务列表。

（2）Dubbo 客户端向服务注册中心查询提供某个服务的服务端列表。

（3）服务注册中心返回服务提供者的地址列表给 Dubbo 客户端，如果有变更，服务注册中心将采用长连接①推送变更数据给消费者。

（4）Dubbo 客户端从服务提供者地址列表中，基于某种软负载均衡算法，选一个提供

---

① 所谓长连接，是指持续时间较长的 TCP 连接。在客户端和服务器端间维持一个长连接有利有弊，利是发送新消息时不需要重新建立连接，因而速度快；弊是消耗了服务器端的资源。

者进行调用，如果调用失败，就选另一个重试。

（5）Dubbo 服务器端将执行结果返回给 Dubbo 客户端。

（6）Dubbo 客户端和服务器端，在内存中累计调用次数和调用时长，每隔一段时间就发送一次统计数据给服务监控中心。

6.2.3　Dubbo 的实现及特点

Dubbo 的实现及特点如下。

- Dubbo 仅支持 Java 语言，没有专用的 IDL 语言，直接使用 Java 接口描述服务。
- Dubbo 的可扩展性非常好，所有可以扩展的组件统一采用 Java 语言的 SPI（Service Provider Interface）机制[①]。
- Dubbo 与 Spring 的集成也非常好，框架提供的功能都以 Spring Bean 的形式出现，而且有自己的 XML 名字空间。例如，你可以使用下面的方式声明服务的端口号。

```
<dubbo:protocol name="dubbo" port="20880" />
```

- 和其他 RPC 框架一样，Dubbo 也是分层的，且每一层中那些可以扩展的组件都是基于 SPI 的。
- Dubbo 的服务注册中心支持 ZooKeeper、Redis 和 IP 多播。
- Dubbo 支持多种 RPC 协议：Dubbo 协议、Hessian、HTTP、RMI、Web Service、Thrift、Memcached、Redis 等。
- Dubbo 的网络编程 I/O 库可以是 Netty，也可以是 Mina，推荐使用 Netty。
- Dubbo 支持的消息序列化方式有 Dubbo 序列化、Hessian 序列化、JSON 和 Java 序列化。
- Dubbo 支持多种容错机制：失败自动切换（failover）、快速失败（failfast）、安全失败（failsafe）、并行调用多个服务器（forking）、广播调用给所有提供者（broadcast）等，具体含义请参考 Dubbo 文档。
- Dubbo 支持多种负载均衡机制：随机（random）、轮询（round robin）、最少活跃调用数（least active）、一致性哈希（consistent hash）等，具体含义也请参考 Dubbo 文档。

6.2.4　Dubbox

Dubbox 是当当网开源的基于 Dubbo 的增强版本。根据 GitHub 上面的文档，除升级了

---

① 关于 Java SPI 机制，参见 2.3.2 节。

ZooKeeper、Spring 的版本外，Dubbox 对 Dubbo 的主要增强特性如下。

- 支持 REST 风格的远程调用（HTTP+JSON/XML）：基于 JBoss RESTEasy 框架，在 Dubbo 中实现了 REST 风格（HTTP+JSON/XML）的远程调用，以方便跨语言的交互，也方便实现当当网对外提供的 Open API、无线 API 等。
- 有了 REST 调用支持，Dubbo 就可以支持 REST 风格的"微服务"架构。有了 REST 支持，Dubbo 服务器也就能被外网用户访问了，这一点对当当网似乎很重要。
- 支持基于 Kryo 和 FST 的 Java 高效序列化实现，显著提高了 Dubbo RPC 的性能。

6.3　其他分布式服务调用中间件

除了 Dubbo，还有一些知名的分布式服务调用中间件，下面做一个简要的介绍。

6.3.1　Protocol Buffers

谷歌的 Protocol Buffers 是在 RPC 中常用的一种序列化和反序列化库，与语言和平台无关。

使用 Protocol Buffers 与使用其他序列化和反序列化库类似，首先写一个.proto 文件，定义消息的格式，然后使用 Protocol Buffers 提供的编译器生成某种语言的源程序文件（如 C++的.cc 和.h 文件），然后，应用程序连接这些源文件和相应的 Protocol Buffers 库。

代码清单 6-1 给出了一个.proto 文件的例子。

代码清单 6-1　一个.proto 文件示例

```
1.   syntax = "proto2";
2.
3.   package demo;
4.
5.   message Employee {
6.       required string name = 1;
7.       required int32 id = 2;
8.       optional string email = 3;
9.
10.  enum ContactType {
11.      MOBILE = 0;
12.      HOME = 1;
13.      WORK = 2;
14.  }
15.
16.  message Contact {
17.      required string number = 1;
```

```
18.      optional ContactType type = 2 [default = HOME];
19.      repeated Contact contacts = 4;
20. }
21. message AddressBook {
22.      repeated Employee colleague = 1;
23. }
```

关于 Protocol Buffers，有以下几点需要说明。

- 每一个字段都有一个标签，即 "=" 后面的数字，例如，上例中 contacts 字段的标签为 "4"。标签又称为字段编号。在序列化后的内容中，关于每个字段的信息，将只有标签、类型和值，没有字段名称。因此，要想获得字段名称，必须有 .proto 文件。
- 序列化后的结果可以看作是一个<标签、值>的哈希表。反序列化时可以跳过那些不认识的字段，这样就可以实现不同的协议版本之间的兼容。
- Protocol Buffers 定义了序列化后的二进制格式，因此，不同语言和操作系统下的实现（或绑定）就可以相互通信。Protocol Buffers 内置了 C++、Java、Python、Objective-C、C#、JavaNano、JavaScript、Ruby、Go、PHP、Dart 等语言的实现。此外，还可以从 GitHub 上下载其他语言的插件。Protocol Buffers 支持 Linux、Windows 和 OS X 操作系统。

6.3.2 gRPC

Protocol Buffers 只解决了数据的序列化和反序列化问题，要想使用 RPC，还得有个框架，以解决消息的发送、解析、路由、线程管理等一系列问题。

gRPC 是谷歌开源的、基于 Protocol Buffers 的优秀的 RPC 调用中间件。

谷歌公司于 2015 年 2 月开源了 gRPC。关于 gRPC 的需求与设计原则，请参看谷歌的文章，此处不再重复。

基于其需求与原则，gRPC 实现上是基于 HTTP 2 的，这样就有了 HTTP 2 支持的多 HTTP 请求复用同一 TCP 连接、头部压缩、流量控制、服务器端推送等特性。

和其他 RPC 技术一样，在使用 gRPC 时，也是先通过一种接口定义语言（Interface Definition Language，IDL）定义客户端与服务器间的接口。然后，使用相应的 IDL 编译器，生成客户端可以调用的存根（stub）与服务器端实现的基类（base class）。运行时，客户端需要 gRPC 提供的运行时库（runtime library），以处理消息的序列化和反序列化等。图 6-2 给出的是 gRPC 的一个使用场景。

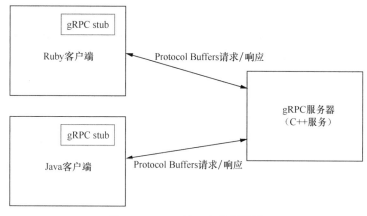

图 6-2　gRPC 的一个使用场景

　　gRPC 本身是与序列化和反序列化技术无关的。不过，目前只支持 Protocol Buffers，因此 IDL 语言也采用 Protocol Buffers 的描述语言。gRPC 目前支持 Linux、Windows 和 Mac 操作系统。gRPC 目前官方支持 C/C++、Java、Go、Node.js、Ruby、Python、C#、Objective-C 和 PHP 语言，其中，C/C++、Java 和 Go 是全栈（full stack）实现，其他语言是包装栈（wrapped stack）实现。所谓全栈实现，是指全部的 gRPC 功能都用该种语言（C/C++、Java 和 Go）实现。所谓包装栈实现，是指 gRPC 的核心功能用 C 语言实现，然后在此基础上用某种语言（Node.js、Ruby、Python、C#、Objective-C 和 PHP）实现一套绑定，以方便客户使用该语言调用 gRPC 核心功能。

　　从上面的讨论我们知道：gRPC 可以很好地解决企业内部服务间的通信问题。那么，对于外部客户，如果他们也想调用某个内部的 gRPC 服务，该怎么办呢？有一个开源的 Protocol Buffers 插件 grpc-gateway 可以很好地解决这个问题。如图 6-3 所示，grpc-gateway 可以将一个.proto 文件定义的 gRPC 服务包装成一个 REST 服务，这样外部客户就可以通过该 REST 服务来调用内部的 gPRC 服务了。

图 6-3　gRPC 服务的 REST 代理

6.3.3　Thrift

　　Facebook 的文化是用最合适的语言来解决具体的问题，因此，C/C++、Python、PHP 等语言在内部大量使用，但如何使这些不同语言写的模块相互通信反而成了一个令人头疼的问题。Facebook 的工程师们研究后很失望地发现，没有一款开源的软件能够很好地解决这个问题，于是只好开发了 Thrift，以解决不同语言实现的程序之间的 RPC 问题。

Thrift 架构如图 6-4 所示。

图 6-4　Thrift 架构

一个 Thrift 程序由 3 部分代码组成，即用户写的代码、根据 Thrift 定义文件（definition file）生成的代码，以及 Thrift 运行时库提供的代码。

用户写的代码也就是你自己写的客户端/服务器端实现代码。

图 6-4 中的"服务器端/客户端"和"write()/read()"就是根据 Thrift 定义文件生成的代码。其中，"服务器端/客户端"是根据你写的 Thrift 定义文件生成的服务器端/客户端处理框架代码，而"write()/read()"是根据你写的 Thrift 定义文件生成的自定义数据类型读写代码。Thrift 运行时库提供的代码，包括 TProtocol（处理消息的序列化和反序列化）、TTransport（处理消息的发送和接收）和 Input/Output（底层提供的消息传递方式）。对于 Java/Python 的实现，Thrift 直接使用了该语言内置的网络 I/O 库，而对于 C++，Thrift 使用的是自己实现的网络 I/O 库。

这个架构的一个优点是可以根据自己的需要选择具体的 TProtocol 和 TTransport 实现。

与其他 RPC 实现类似，Thrift 接口定义语言支持 bool、byte、i16、i32、i64、double、string 等基本数据类型和 struct（结构）类型。另外，Thrift 接口定义语言还支持 3 种容器类型，即 list<type>、set<type>和 map<type1, type2>。默认情况下，这些容器类型会被映射成语言内置的类型。

- list<type>被映射成 C++ STL vector、Java ArrayList 和脚本语言的原生数组。
- set<type>被映射成 C++ STL set、Java HashSet、Python set 和 PHP/Ruby 中的原生集合。
- map<type1,type2>被映射成 C++ STL map、Java HashMap、PHP 关联数组和 Python/Ruby 的字典。

但是，也可以通过定制的代码生成指令，将它们映射成定制的类型（如谷歌的 C++稀疏哈希表实现），前提是定制的类型支持所有的迭代原语（iteration primitive）。

Thrift 的方法可以抛出异常，因此 Thrift IDL 还支持异常的定义。

Thrift IDL 中还可以定义服务，类似于 Java 等语言中的接口，代码清单 6-2 给出的是一个简单的 Thrift 服务示例。

代码清单 6-2　一个 Thrift 服务示例

```
1. service StringCache {
2.     void set(1:i32 key, 2:string value),
3.     string get(1:i32 key) throws (1:KeyNotFound knf),
4.     void delete(1:i32 key)
5. }
```

另外，与 Protocol Buffers 类似，Thrift 的每个字段前都有一个数字，这个数字称为字段标识符，其作用也是一样的，即帮助客户端和服务器支持协议的不同版本。

TProtocol 处理消息（基本类型、struct 和容器）的序列化和反序列化。Thrift 运行时库提供了下面几种 TProtocol 实现。

- TBinaryProtocol：一个朴素、简单的二进制传输协议实现，没有考虑空间的优化。
- TCompactProtocol：一个紧凑的二进制传输协议实现，比 TBinaryProtocol 的空间利用率要高。
- TJSONProtocol：采用 JSON 作为数据编码格式的二进制传输协议实现。
- TSimpleJSONProtocol：采用 JSON 作为数据编码格式的二进制传输协议实现，但不包含元数据，因此采用 TSimpleJSONProtocol 编码的消息不能被 Thrift 解析，但 Thrift 可以产生这样的消息。
- TDebugProtocol：采用一种便于人类理解的编码格式，用于程序调试。

TTransport 依赖于底层的 I/O 库，处理消息的传输。Thrift 运行时库提供了下面几种 TTransport 实现。

- TSocket：采用阻塞套接字（blocking socket）作为传输机制。
- TFramedTransport：将消息分为一个或多个帧，每帧的前面有帧的长度信息，常用于非阻塞的 Thrift 服务器。
- TFileTransport：采用文件作为消息传输的媒介。

- TMemoryTransport：采用内存作为消息传输的媒介。
- TZlibTransport：对传输的消息进行压缩，和其他 TTransport 实现一起使用，实现上采用装饰（decoration）设计模式。

为了简化服务器的实现，Thrift 提供了常见的服务器实现框架类。Thrift 运行时库提供了下面几种服务器实现。

- TSimpleServer：单线程实现。
- TThreadedServer：每个连接一个线程的实现。
- TThreadPoolServer：线程池实现。

6.3.4　Motan

Motan 是新浪微博开源的一个与 Dubbo/Dubbox 非常类似的 RPC 框架。

从其中文使用手册中可以看出，Motan 中也有 RPC 服务器端、RPC 客户端和服务注册中心，如图 6-5 所示。

- RPC 服务器端启动后向服务注册中心注册其服务，并向注册中心定期发送心跳汇报状态；
- RPC 客户端在调用服务前，先向服务注册中心订阅 RPC 服务，根据服务注册中心返回的服务列表，与具体的 RPC 服务建立连接，进行 RPC 调用。
- 当提供某个服务的服务器端发生变更时，服务注册中心会推送变更到 RPC 客户端。
- 与 Dubbo/Dubbox 类似，Motan 的模块也是分层的，这样可以在不影响其他分层的情况下，将某一模块替换成其他的实现。例如，服务注册中心可以被配置成 ZooKeeper 或者 Consul，通信协议可以是 Motan RPC、Injvm、Mock 等实现。
- 与 Dubbo/Dubbox 类似，Motan 也是基于 Java 的，与 Spring 的集成也非常好。

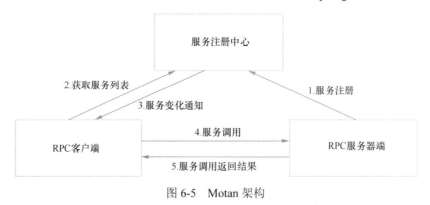

图 6-5　Motan 架构

6.3.5 sofa-pbrpc

sofa-pbrpc 是百度用 C++实现的仅限于 Linux 平台[①]的 RPC 系统,在百度内部有着非常广泛的应用。另外,百度还有一款基于 Java 的 RPC 实现,即 Navi-pbrpc,但不知其使用情况如何,有兴趣的读者可以自行研究。

与谷歌的 gRPC 一样,sofa-pbrpc 也是基于 Protocol Buffers 的,其序列化和反序列化直接由 Protocol Buffers 完成,其 RPC 的工作方式也是基于 Protocol Buffers 的服务机制。不过,与 gRPC 不同的是,sofa-pbrpc 内部处理消息时采用的是"epoll+线程池"方式,因此其对高吞吐、低延迟、高并发连接数的场景支持得非常好。

6.4 分布式服务调用中间件的应用

下面我们看一个采用 gRPC 解决服务调用的应用。

某电商的原后台业务系统是一个集中式的 Java 系统,几乎所有的核心业务都运行在一个 Web 容器中。由于业务的发展,这种架构的问题尽显无疑。性能及吞吐量姑且不论,单是所有的团体都工作在一个代码库上导致的问题,例如,一个模块的修改引起另外一个模块的 bug,就经常闹得开发团队疲惫不堪。

痛定思痛之后,开发团队决定采用微服务架构,重新改造整个后台系统,新架构如图 6-6 所示。其基本思路是将系统的核心功能抽象成一个个微服务,每个微服务由独立的团队负责,微服务之间的通信使用 gRPC 实现。

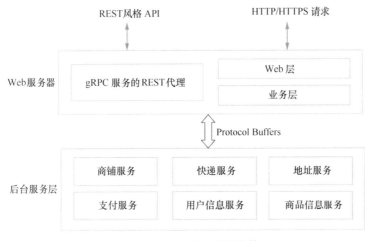

图 6-6 改造后的某电商架构

[①] 因为其实现上使用了 Linux 特有的 epoll。

新的架构分为两部分。图 6-6 的下半部分为使用 gRPC 实现的各个核心业务，每个都是独立的微服务，拥有自己的缓存、自己的存储和自己的开发团队。图中只显示了几个重要的业务，实际的业务数目会比这些多。图 6-6 的上半部分运行在 Web 服务器中：gRPC 服务的 REST 代理是一些微服务的 REST 包装，使用 grpc-gateway 实现，对外部客户提供 REST 风格的服务。这样，外部客户也可以使用该电商的一些核心服务（如快递服务）。Web 层处理来自浏览器的 HTTP/HTTPS 请求，具体的业务逻辑由业务层提供。业务层的实现依赖于各个后台服务层提供的服务。

这样不但解决了不同模块间的紧耦合问题，还带来了一个附加的好处，即可以将一些核心服务由 grpc-gateway 包装后，对外部客户提供 REST 风格的服务。不仅为外部客户提供了方便，还给公司带来了新的收入。

第 7 章

分布式消息服务中间件

消息服务中间件早已有之，如 RabbitMQ、Apache ActiveMQ 等。消息服务中间件有许多应用场景，下面是一些简单的示例。

- 应用程序集成：将不同应用之间的依赖解耦。
- 作为具有持久化功能的消息队列使用。
- 可以利用消息队列支持流处理功能。
- 也可以把应用的请求缓存在消息队列中，以消平峰值。例如，对于秒杀系统，短时间内有大量请求到来，可以将暂时处理不了的请求缓存在消息队列中，使应用不至于被冲垮。
- 在大规模的软件系统中，还可以作为消息总线使用。

7.1　分布式消息服务中间件简介

随着互联网的发展，现有的消息服务中间件在应用中暴露出了很多问题。其中，最主要的问题是，当瞬时发送的消息量非常大时（如国内流行的秒杀系统），这些中间件的表现不尽如人意。因此，一些大的互联网公司就开发了用于大消息量场景的消息服务中间件，例如下面要介绍的领英的 Kafka、阿里巴巴的 RocketMQ、Apache Pulsar 等。

传统的消息中间件有两种消息模型，即队列模型（queuing model）和发布者-订阅者模型（publisher subscriber model）。

- 队列模型：一组消费者和一组发布者通过一个队列联系起来，队列中的消息有序，中间件保证有且只有一个消费者收到消息。这种模型在消费者一侧有一定的负载均衡（因为多个消费者可以共享同一个消息队列），但缺点是只要有一个消费者已经接收，消息就会被删除，因此，其他消费者没有机会收到消息。

- 发布者-订阅者模型：一组消费者和一组发布者通过一个主题（topic）联系起来。发布者将消息发布到某个主题中，而订阅者则订阅某个主题的消息。如果某个订阅者订阅了一个主题，那么，中间件保证它能收到该主题中的全部消息。如果有多个订阅者订阅了同一个主题，那么，中间件保证每个订阅者都能收到该主题中的全部消息。这种模型在消费者一侧没有负载均衡，因为任何一个消费者都需要处理每一个消息。

大型的电商系统有下面的需求：如图 7-1 所示，当一个订单消息到达时，需要中间件同时将其转发给多个子系统（如配送子系统、智能推荐子系统、库存管理子系统等），而在各个子系统内部，为了获得高可用性，则有多个消费者进行负载均衡。

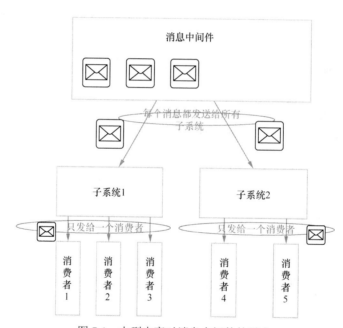

图 7-1　大型电商对消息中间件的需求

实际上，电商的上述需求是对传统的发布者-订阅者模型和队列模型的结合，其上半部分是发布者-订阅者模型（每个消息发送给所有的订阅者），下半部分是队列模型（每个消息只发送给其中的一个订阅者）。

为了满足上述需求，新的面向互联网应用的消息中间件大都支持消费者组（consumer group）模型或其变种。

7.2　分布式消息服务中间件的实现原理

Kafka 是领英（LinkedIn）开源的一款非常优秀的、支持大批量消息的分布式消息服务中间件。

下面以领英的 Kafka 为例，介绍一下分布式消息服务中间件的实现原理。关于 Kafka 的更详细的介绍，请参考其文档，下面仅介绍其概要。

7.2.1　消息模型

Kafka 采用的是图 7-2 所示的消费者组模型。

* Kafka 中的每个消费者都属于某个消费者组。
* 消费者和发布者通过主题联系起来。
* 如果有多个消费者组订阅了同一个主题，则同一个消息会发送给所有的消费者组。
* 而属于同一个消费者组中的多个消费者中，只有一个消费者能收到消息。

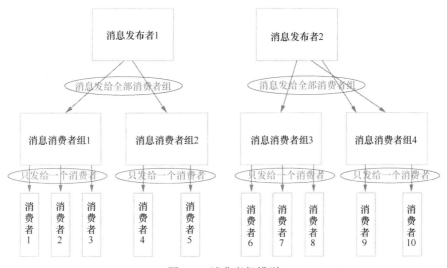

图 7-2　消费者组模型

7.2.2　架构

在 Kafka 中传送的消息就是一个键值对。

Kafka 消息的生产者与消费者通过主题联系起来。消费者订阅某个主题的消息，而生产者则发布属于某个主题的消息。如前所述，一个主题可以有多个生产者，也可以有多个消费者，这些消费者可以属于同一个消费者组，也可以属于不同的消费者组。

主题中的消息存储在分区中。

- Kafka 将一个主题中的消息存储在一个或多个分区中，以实现负载均衡。
- 每一个分区都至少有两个副本。存储同一分区的多个节点中有一个是领导者，其他的都为追随者。所有的读写操作都由领导者处理。如果领导者宕机了，就从所有追随者中自动选出一个新的领导者。
- 一个分区中的消息是有序的，但同一主题中不同分区中的消息则不保证其次序。
- 当生产者发送消息时，Kafka 会根据一定的策略（轮询或一个哈希函数）将该消息存储到某个分区中。
- 当一个消费者组中有多个消费者时，Kafka 会将总的分区数除以该消费者组中的消费者数目，将分区平均分给各个消费者。

Kafka 的这几个概念之间的关系如图 7-3 所示。

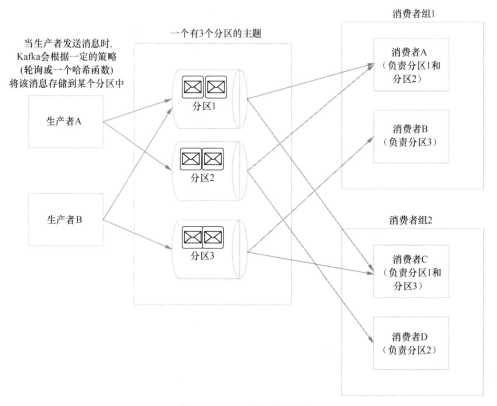

图 7-3　Kafka 的一些概念

Kafka 集群中有以下几种角色。

- 代理（broker）：每个 Kafka 实例都被称为一个代理。代理负责从生产者那里接收消息，并将消息存储到某个分区中。
- 控制器（controller）：在所有的代理中，有一个是控制器，它负责一些管理操作，例如，将分区分配给某个代理。

在 Kafka 集群中，还需要部署一个 ZooKeeper，其作用如下。

- 代理的管理。
- 控制器的选举。
- 同一分区的多个副本的管理，领导者副本的选举。

Kafka 提供的客户端 API 提供了以下两种处理模型。

- Pull API：与传统的消息中间件不同，当有新的消息到达时，Kafka 不会主动通知消费者，而需要消费者自己去读取。对于某个消费者负责的分区，该消费者保存了一个偏移（offset）值，以记下最近一次读取的消息，这样下次读取时就只读该偏移后面的消息。这个偏移值是可以通过 API 修改的，因此只要修改这个偏移值，一个消费者就可以反复读取同样的消息[①]。
- Stream API：这有点儿像 Push API，当有新的消息到达时，Kafka 会将其推给消费者。

7.3 其他分布式消息服务中间件

除了 Kafka，近几年涌现出了一批优秀的分布式消息服务中间件，下面简要介绍几款。

7.3.1 阿里巴巴 RocketMQ

RocketMQ 是阿里巴巴开源的一款优秀的消息中间件，据说在淘宝网运行多年，稳定可靠。其架构如图 7-4 所示。

名称服务器（name server）存储主题/消息队列在代理上的分布信息。生产者与消费者查询名称服务器，得到某个主题/消息队列存储在哪个代理上的信息。名称服务器几乎是一个无状态的节点，可部署多个，节点之间无任何信息同步。

代理是消息的接收者、存储者和发送者。代理部署相对复杂且有主从之分，一个主代理可以对应多个从代理，但是一个从代理只能对应一个主代理，主代理与从代理的对应关系通过使用相同的代理名称、不同的代理 ID 来定义，代理 ID 为 0 表示主代理，非 0 表示从代理。主代理也可以部署多个。

---

① 假如第 10 条消息的偏移值为 1000，如果一个消费者想再读第 10 条的内容，它可以将读取的偏移值修改为 1000，然后再进行读取，就可以读到第 10 条和其后的所有消息了。

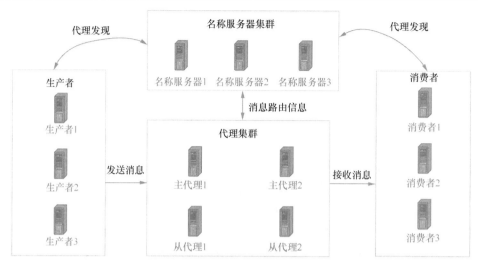

图 7-4　RocketMQ 架构

生产者与命名服务器集群中的一个节点（随机选择）建立长连接①，定期从该名称服务器获取主题的路由信息（例如，哪个主题/消息队列分布在哪个代理上），并与存储相应主题的主代理建立长连接，且定时向该主代理发送心跳。生产者完全无状态，也可部署多个。

消费者与命名服务器集群中的一个节点（随机选择）建立长连接，定期从该名称服务器获取主题的路由信息，并与存储相应主题的主代理或从代理建立长连接，且定时向该主代理或从代理发送心跳。消费者既可以通过主代理订阅消息，也可以通过从代理订阅消息，订阅规则由代理配置决定。

RocketMQ 的消息模型与 Kafka 类似，RocketMQ 也有消费者组（consumer group）的概念。在同一个消费者组内部，各个消费者以均摊的方式消费消息。注册同一个主题的多个消费者组都会收到该主题的全部消息。

另外，RocketMQ 还支持顺序消息。例如，对于订单的创建、订单的履行和订单的销毁这 3 个消息，需要保证消费者按照同样的顺序收到。

RocketMQ 既支持拉的消费方式，也支持推的消费方式（通过消费者维持的与代理间的长连接实现）。

7.3.2　Apache Pulsar

Pulsar 是雅虎公司捐献的另一款优秀的分布式消息服务中间件。

为了支持多租户（multi-tenant），Pulsar 支持以下的概念：一个 Pulsar 集群中可以有多

---

① 长连接指存在时间较长的 TCP 连接，因为长期存在，每次发送消息时就不用再费时去创建连接。与其对应的是短连接，指存在时间较短的连接，一般完成一次交互后立刻关闭，下次发送消息时再重新建立连接。

个属性（property），每个属性下还可以有多个命名空间（namespace），每个命名空间下可以有多个主题（topic）。这样，通过给不同的租户以不同的属性或命名空间，这些不同的租户就可以有同样的主题名称。

图 7-5 展示的是一个假想的电商系统的示例。该电商系统创建了 3 个 Pulsar 属性，分别由物流子系统、智能推荐子系统和支付子系统使用。每个属性下还可以建立一个或多个命名空间。不同命名空间下创建的主题名称可以相同，但同一命名空间下创建的主题名称必须不同。

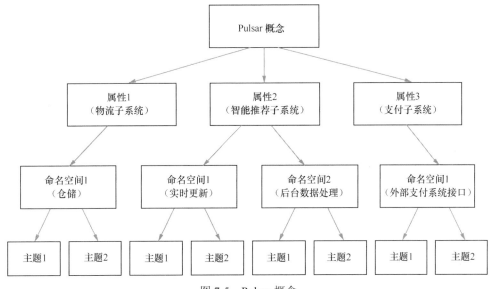

图 7-5　Pulsar 概念

对于消息的消费者，它可以订阅相应的主题。每个消费者可以订阅多个主题，每个主题也可以被多个消费者订阅。

一个主题如果被多个消费者订阅，则每个订阅者都能收到该主题的所有消息。另外，订阅有 3 种类型，同一个主题可以同时拥有多种类型的订阅，如图 7-6 所示。

- 排他性订阅（exclusive subscription）：同一时刻只能有一个消费者。
- 共享性订阅（shared subscription）：可以有多个消费者，多个消费者分摊消息的消费，每个消费者只消费部分消息。
- 故障转移订阅（failover subscription）：可以有多个消费者，但任何时刻只能有一个消费者消费消息，只有当它故障时其他消费者才会消费消息。

和其他的消息服务中间件类似，一个 Pulsar 集群也由一组生产者、一组消费者和一组代理组成，还有一组 ZooKeeper 机器负责协调和保存一些集群配置信息。和其他的消息服务中间件不同的是，Pulsar 的消息存储依赖于另一个也是由雅虎公司捐献的 Apache 的开源项目 BookKeeper 中。

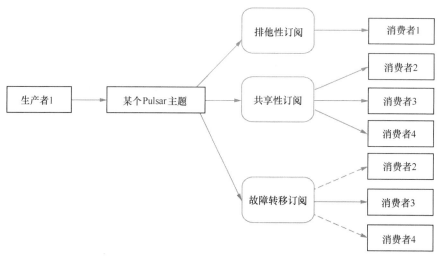

图 7-6 Pulsar 支持的订阅类型

Pulsar 还支持可分区主题（partitioned topic），可以给可分区主题设置下面的分区策略。

- 单分区（single partitioning）：生产者随机地选择一个分区，然后，所有的消息都存储到这个分区上面。
- 轮询分区（round robin partitioning）：一个生产者发送的所有消息以轮流的方式存储到所有的分区上面。
- 哈希分区（hash partitioning）：每个消息都带一个键，当消息到达时，计算一个哈希函数的值 Hash(key)，通过哈希值最终得到用来存储该消息的分区。
- 定制分区（custom partitioning）：与哈希分区方式类似，只不过哈希函数是用户自己提供的。

Pulsar 通过下面的方式来保证消息的持久性。

- Pulsar 通过 Apache BookKeeper 存储消息。
- 消息被存储在多个 BookKeeper 节点（bookies）上，具体存储的副本数目取决于复制因子（replication factor）。

Pulsar 还支持在不同的 Pulsar 集群间自动复制消息。

7.4 分布式消息服务中间件的应用

下面我们看一些分布式消息服务中间件的应用。

7.4.1　秒杀系统中使用 Kafka 以削平峰值流量

对于秒杀，大家都不陌生。毫不奇怪，秒杀系统最大的挑战是如何应对突然而至的巨量请求。

一种办法是尽量减少请求的数量，这也是为什么某些秒杀系统在客户端设置了非常难以辨别的验证码的原因。这固然减少了通过程序自动下单的可能，却也给真正的用户带来了麻烦。如果这不是像春运期间的火车票、飞机票这样的刚需，那么增加的麻烦可能会导致用户的流失，这显然是商家不愿看到的。

此外，还可以将暂时处理不了的请求放到像 Kafka 这样的消息中间件中，待有资源时再处理，以达到削平峰值流量的目的。

图 7-7 显示了一个秒杀系统的架构，业务层将暂时处理不了的请求缓存到 Kafka 中，待有资源时，业务层再进行处理。

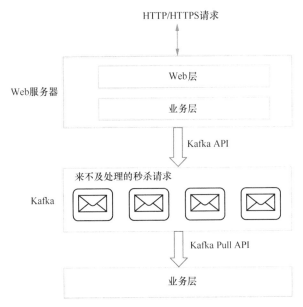

图 7-7　秒杀系统中使用 Kafka 以削平峰值流量

7.4.2　使用 Kafka 流实现消息推送

使用过信用卡的人都知道，当你有新的消费时，银行会给你发各种各样的通知，如电子邮件通知、短消息通知或者手机银行 App 的通知等。

这些通知的时效性非常重要。原因很简单，如果你的信用卡被盗刷了，你知道得越早，你就能越早和银行联系，以将损失减少到最小。

Kafka 的流非常适合这样的场景。图 7-8 给出的就是这样的一个架构。

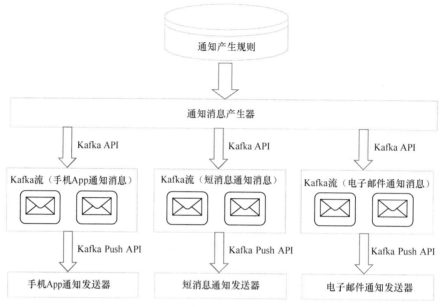

图 7-8　使用 Kafka 流实现消息推送

消息产生器根据用户设定的规则（例如，当单次消费额超过 1000 元时发送短消息）产生需要发送的通知。然后，根据通知的类型，通知被发送到不同的 Kafka 流中。

系统中有 3 种 Kafka 流，即存放手机 App 通知的流、存放短消息通知的流和存放电子邮件通知的流。

对于每种流，都有一个专门的通知发送器。系统中有 3 种通知发送器，即手机 App 通知发送器、短消息通知发送器和电子邮件通知发送器。一旦相应的 Kafka 流中有新的通知到来，Kafka 就会将其推送给相应的通知发送器。收到新的通知后，通知发送器就将其发送给相应的用户。

第8章

分布式跟踪服务中间件

现在的互联网应用（如谷歌搜索，京东、淘宝等电商网站，Facebook、Twitter、微信、微博等社交应用等）都是些大型的分布式系统。这些系统都是由多个团队用一种或多种开发语言开发的，由多个模块组成，运行在一种或多种操作系统上面，而且部署在数以千计甚至万计的机器上。

例如，当用户在谷歌主页上提交一个简单的关键字搜索后，该搜索请求会被分发到许多后台机器上，这些机器并行查询它们各自所负责的那部分结果，然后再合并到一起返回给用户。此外，查询的过程中还涉及广告的处理、敏感信息的过滤等。而所有这一切，都隐藏在一个小小的搜索框后面。

那么，对于如此复杂的大型分布式系统，该如何去调试它？发现问题后又该如何去定位问题的根源？性能不佳时又该如何进行优化？这些都是分布式跟踪服务要解决的问题。

最近几年，随着微服务的流行，即便是小的公司，也逐渐开始将自己的业务分解成多个微服务，因此也存在着和大型的互联网应用同样的问题。

8.1 分布式跟踪服务中间件的实现原理

谷歌的 Dapper 论文是分布式跟踪服务的鼻祖，其他系统大都采纳了 Dapper 的设计思想及架构。

下面以 Dapper 为例，介绍一下分布式跟踪服务中间件的实现原理。谷歌的论文描述了 Dapper 的设计背景、设计思想和具体的设计细节，有兴趣的读者可以自行查阅。

1. Dapper 的需求和设计目标

Dapper 的需求是设计一款能够部署到每个地方（ubiquitous deployment），并且能够对应用进行持续监控的分布式跟踪服务。

Dapper 的设计目标是跟踪服务本身的开销小，对应用程序透明而且具备可伸缩性。

2. 跟踪树和 Span

图 8-1 是一个涉及了 5 台机器的服务调用：一个前端（A），两个中间件（B 和 C）以及两个后端（D 和 E）。当一个用户请求到达前端后，它就发送两个 RPC 调用给 B 和 C。B 立即返回了，但 C 又对 D 和 E 发起了 RPC 调用，而且只有当对 D 和 E 的调用都返回后，C 才将结果返回给 A。

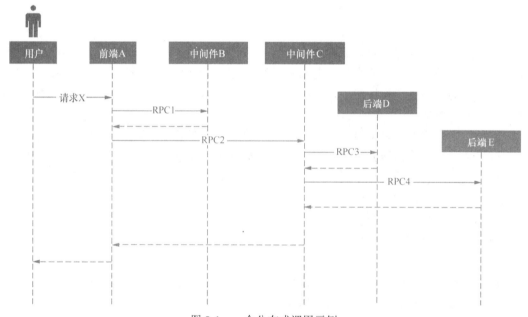

图 8-1 一个分布式调用示例

在 Dapper 跟踪树中，树的结点代表需要完成的调用，称为 Span。树的边代表一个 Span 与它的父 Span 之间的一种非正式关系。Span 记录了一次调用的开始时间和结束时间、RPC 调用的时间信息，以及用户自定义的与特定应用相关的其他调试跟踪信息。在 Dapper 中，每个 Span 都有一个名称、一个 Span ID 和一个父 Span ID。没有父 Span ID 的 Span 称为根 Span。和同一次调用相关的所有 Span 都有一个同样的 Trace ID。所有这些 ID 都是唯一的 64 位整数。

通过 Trace ID 能够找到和一次调用相关的所有 Span，通过 Span ID 和其父 Span ID 可以找到这些 Span 之间的调用关系，最终可以构造出一棵跟踪树。图 8-2 即是根据图 8-1 构造出的跟踪树。

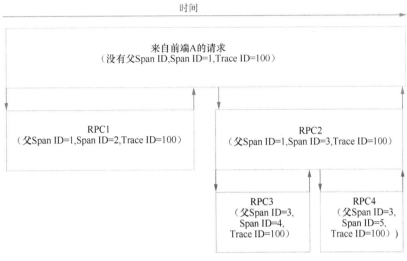

图 8-2　一个跟踪树示例

3. 调用跟踪

对于被跟踪的分布式服务调用，Dapper 在当前线程的 TLS（Thread Local Storage）中存放了一个跟踪上下文。跟踪上下文是一个不大的数据结构，很容易被复制到其他地方，里边存放了当前 Span 的 Trace ID、Span ID 等信息。

谷歌的大多数程序员都使用一套共享的程序库（线程库、控制流库、RPC 库等）。谷歌的分布式系统经常也采用异步编程模型，因此经常使用回调（callback）函数。当进行一个异步分布式调用时，就把一个回调函数放入一个线程池中，调用结束后，回调函数就会被执行。Dapper 确保这些回调函数中也保存了跟踪上下文。

因此，无论是当前运行的线程，还是执行回调函数的线程池中的线程，都能够找到正在执行的 Span 的 Trace ID、Span ID 等信息，因此，也总能对被跟踪的调用进行追踪。

4. 采样

为了使 Dapper 自身产生的开销尽可能地小，Dapper 只对一部分调用采样，而不是全部。谷歌论文中还提到了自适应采样（adaptive sampling），即对于调用量大的服务，被采样的调用占总的调用数量的百分比较低，而对于那些调用得不太频繁的服务，则被采样的调用占的百分比就高一些。

5. 跟踪数据的收集

Dapper 的跟踪数据收集分为以下 3 个阶段。

（1）Span 数据被写入本地的日志文件。

（2）运行在每个机器上的 Dapper 守护进程（daemon）读取这些日志。

（3）将这些日志写入几个区域性的 Dapper Bigtable 中的某个单元（cell）中。

　　一个调用的跟踪数据中可能包含任意数量的 Span，因此很适合存储在 Bigtable 的稀疏表中。之所以如此，是因为 Bigtable 稀疏表中每行的列数目可以不同，很适合存储这种半结构化[1]的数据。

8.2　其他分布式跟踪服务中间件

　　除 Dapper 以外，还有一些著名的分布式跟踪服务，下面简要做一个介绍。

8.2.1　Twitter 的 Zipkin

　　Zipkin 是 Twitter 开源的，基于谷歌的 Dapper 论文开发的分布式跟踪服务，其架构与 Dapper 一脉相承，但具体实现上略有差异。其处理跟踪数据的服务器端部分（包括搜集器和存储、查询）在 GitHub 的 Zipkin 项目中。生成并发送跟踪数据的部分在 Open Zipkin 项目中。Java 的跟踪库在 GitHub 的 Brave 项目中。

　　与 Dapper 相比，Zipkin 的架构简单一些，如图 8-3 所示，Zipkin 服务器集数据的收集、存储、查询与显示等功能于一身。被跟踪的客户端和服务器都需要使用 instrumented 库，或者直接调用 Zipkin 的 API 将跟踪记录发送给 Zipkin 服务器。

　　Zipkin 官方提供了 Java、C#、Go、JavaScript、PHP、Ruby 和 Scala 语言的库，因此可以在这些语言的程序中发送跟踪记录给 Zipkin 服务器。Zipkin 社区也开发了 Python 等语言的库。

　　有了跟踪记录，就能够很好地理解服务之间的调用依赖关系。当出了问题时，也可以方便定位并解决问题。图 8-4 显示了一个有两个服务的系统，其中一个是 book-services，另一个是 author-services。book-services 调用 author-services 获得某个作者的信息。从图 8-4 中可以很方便地看出二者之间的调用依赖关系。

---

[1] 结构化数据指适合存储在传统的关系型数据库中的、有着固定模式的数据。半结构化数据，指像程序日志这样的，有一定结构，但结构又不是很固定的数据。无结构数据指类似于社交网站上用户产生的评论、博文（blog）等内容。

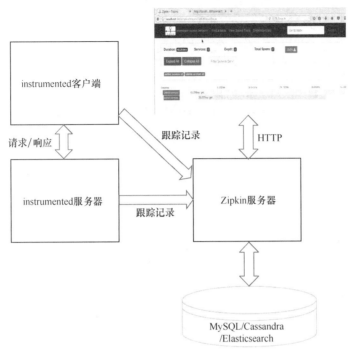

图 8-3 Zipkin 架构

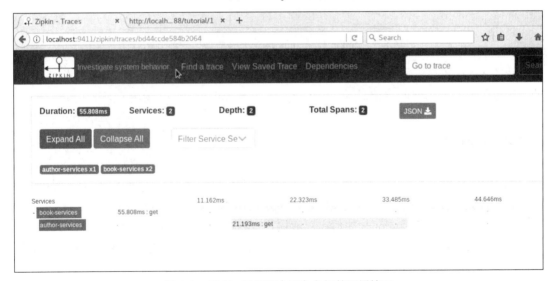

图 8-4 Zipkin 显示两个服务之间的调用情况

单击图 8-4 中的 author-services，Zipkin 就显示出对该调用的细节，如图 8-5 所示。

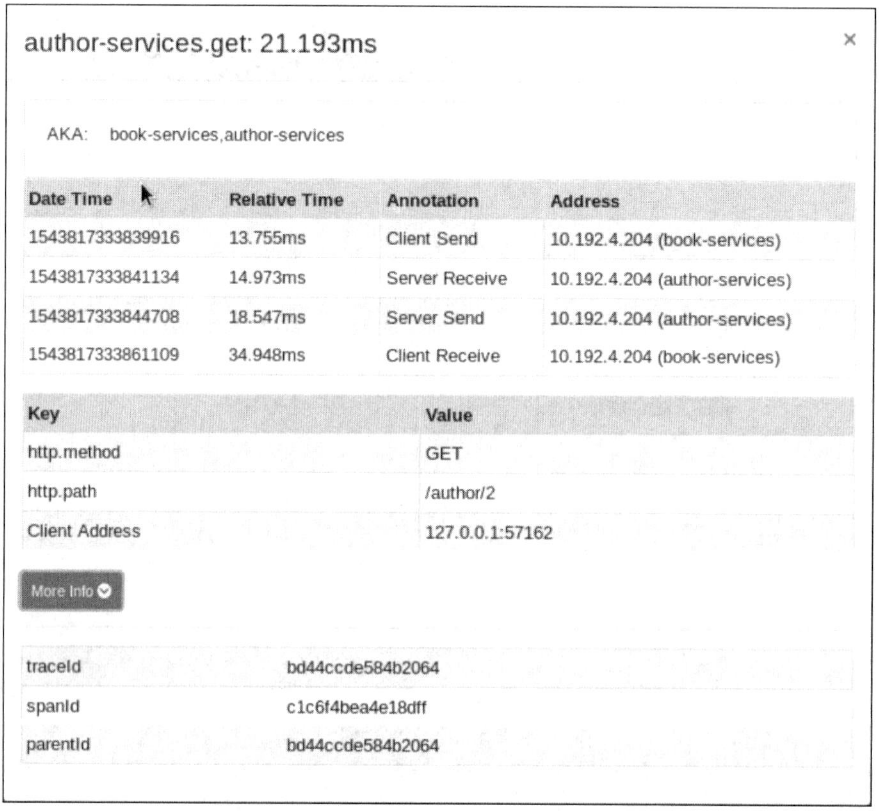

图 8-5　Zipkin 显示 author-services 被调用的细节

　　从图 8-5 中可以看出 author-services 被 book-services 调用了两次，以及调用者的 IP 地址、服务名称和调用时间等信息。

8.2.2　Pinpoint

　　Pinpoint 是韩国的 Naver 公司开源的，是另一款基于谷歌的 Dapper 论文的分布式跟踪服务，其最大的亮点是不需要对被跟踪的服务做任何修改。

　　首先，我们看看 Pinpoint 是如何在对应用零侵入的情况下对其进行跟踪的。

　　由于 Pinpoint 官方只提供 Java 插件，因此它只能跟踪 Java 应用。Pinpoint 通过 Java 语言提供的 Java Instrument API，实现了一个 Java 代理。每当 Java 类加载器（class loader）加载新类时，都会调用 Pinpoint 提供的 Java 代理。然后，Java 代理修改类的字节码，在需要被跟踪的方法前后加上一些调用，用于生成跟踪数据。代码清单 8-1 和代码清单 8-2 演示了 Pinpoint 代理对一个 Java 方法进行的修改。

代码清单 8-1 Java helloWorld 方法

```
1. public vid helloWorld() {
2.     System.out.println("Hello!");
3. }
```

代码清单 8-2 被 Pinpoint Java 代理修改过的 helloWorld 方法

```
1. public vid helloWorld() {
2.     Interceptor.before();
3.     System.out.println("Hello!");
4.     Interceptor.after();
5. }
```

如果要跟踪一个 Java 实现的服务，在启动 JVM 时需要加上如下参数，其中的 pinpoint-bootstrap-$VERSION.jar 就是 Pinpoint 提供的 Java 代理。

```
-javaagent:$AGENT_PATH/pinpoint-bootstrap-$VERSION.jar
-Dpinpoint.agentId=<代理的唯一 ID>
-Dpinpoint.applicationName=<用户提供设置的被跟踪应用名称>
```

与 Dapper 类似，Pinpoint 也是由被跟踪的服务、日志搜集器、用于存储跟踪数据的 HBase 数据库（参见第 11 章）和一个 Web 界面组成。

图 8-6 是 Pinpoint Web 界面的一个截图。从图 8-3 我们可以看出，用户向 quickapp 应用发送了 11 次请求，为了处理这些请求，quickapp 又给自己发送了 3 次请求，给外部服务器发送了 4 次请求（其中，发送给谷歌地图服务器 2 次）。

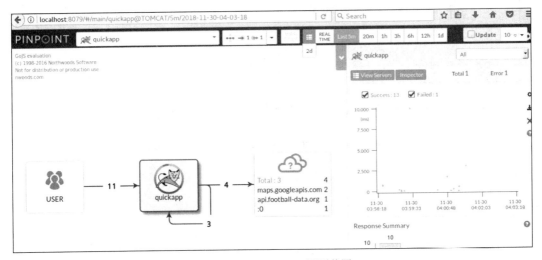

图 8-6 Pinpoint Web 界面截图

可见，有了 Pinpoint，就可以很及时、也很清楚地了解系统的工作状况，达到跟踪与监控的目的。而且，一旦有了问题，也便于定位问题的根源。

8.2.3 阿里巴巴的 EagleEye

EagleEye 是阿里巴巴的分布式跟踪服务,不开源。

从公开的资料来看,其实现思想与 Dapper 基本上如出一辙。因为没有太多的公开资料,就不多说了。

8.3 分布式跟踪服务中间件的应用

6.4 节中提到了某电商的业务系统,为了处理来自用户的某个请求,很可能会牵涉多个后台服务。例如,当用户提交一个订单后,处理订单提交请求就需要涉及支付服务、用户服务、快递服务等多个服务,如果其中的任何一个服务有异常,都会导致订单提交失败。那么,如果没有分布式跟踪服务,假如某个订单提交失败了,定位失败的原因就会非常麻烦。

因此,该电商决定使用 Zipkin 来方便跟踪系统的运行情况。图 8-7 是整个后台系统的架构。

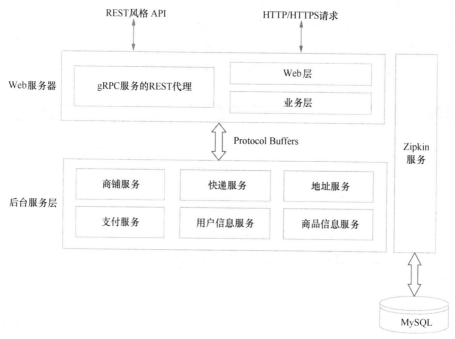

图 8-7　某电商系统架构(使用了跟踪服务中间件)

第四部分

分布式存储技术

　　大数据的出现对传统的关系型数据库提出了挑战，为了存储越来越多的非结构化数据和半结构化数据，分布式文件系统、NoSQL 数据库和 NewSQL 数据库应运而生。

　　本部分对分布式系统后端常用的各种分布式存储技术做一个简要的介绍。

第 9 章

分布式文件系统

随着互联网（尤其是移动互联网）的高速发展，除传统的结构化数据之外，还产生了大量的半结构化数据（semi-structured data）和非结构化数据（unstructured data）。半结构化数据的例子有 CVS/JSON/XML 文件形式的应用程序日志、电商订单、各种传感器的记录（如温度、GPS 位置信息、血压）等。非结构化数据的例子有博客文章（blog）、照片、视频、Word 文档等。据统计，结构化和半结构化的数据只占数据总量的 5%～10%，而其他绝大部分数据都是非结构化的。

提到存储，就不得不提到关系型数据库（或 SQL 数据库）。众所周知，关系型数据库技术已经非常成熟，这是因为其坚实的数学基础（集合论）和充分的 ACID（即 Atomic、Consistency、Isolation 和 Durability）事务属性支持，所以它非常适合存储和处理结构化数据。然而，随着互联网的发展和大数据（主要是非结构化数据和半结构化数据）的出现，SQL 数据库也渐渐地暴露出其局限性。为了维持强一致性，关系型数据库系统不得不采用各种锁（行锁、页锁、文件锁等），由于这些锁的存在，导致对关系型数据库进行水平扩展非常困难。因此，为了应对具备 3V（即 Volume、Velocity 和 Variety）属性的大数据，关系型数据库系统不得不进行垂直扩展，使硬、软件成本急剧上升。然而，垂直扩展是有极限的，伴随着数据量的急剧膨胀，即便是采用了 IOE（即 IBM、Oracle 和 EMC）最强最新的软硬件，也无法满足如谷歌这样的搜索系统和淘宝这样的电商系统之需了。

于是，NoSQL（Not Only SQL）数据库应运而生。NoSQL 数据库以牺牲一致性为代价，在 CAP 理论中取 A（Availability）和 P（Partition tolerance），而放弃 C（Consistency），很好地解决了大型互联网公司发展之需。谷歌的 3 篇奠基性论文（GFS、Bigtable 和 MapReduce）在 2003～2006 年发表后，这 3 个相关产品的开源版（HDFS、HBase 和 Hadoop MapReduce）也于 2012 年左右发布。从此，业界开始了一场声势浩大的 NoSQL 技术革命，一时间，传统关系型数据库厂商（甲骨文、微软等）风声鹤唳，遍身寒意。

然而，进一步的实践表明，NoSQL 数据库并非万能，SQL 数据库技术也并非从此一无是处。人们逐渐认识到：无论是 SQL 数据库，还是 NoSQL 数据库，都各有利弊，针对具体的应用场景，选择最合适的技术才是明智之举。即便是同一个应用，对于不同的模块，也可以采用不同的存储技术，也就是所谓的多种存储并存的存储方式（polyglot persistence approach）。

除了 SQL 数据库和 NoSQL 数据库，分布式文件系统也是很常用的一种存储方式。对于特别大的文件（如谷歌的搜索索引）或者海量的小文件（如淘宝的商品缩略图），传统的单机文件系统是无法有效存储的，为此，谷歌开发了 GFS（Google File System），淘宝开发了 TFS（Taobao File System），还有 JFS（Jingdong File System）、BFS（Baidu File System）等。不过，所有这些 xFS 分布式文件系统都借鉴了谷歌的 GFS 的设计思路和架构，因此大同小异。

另外，还有一种思路是使用开源搜索引擎（如 Apache Solr）来存储那些不经常变化的数据。这样做的好处是可以利用搜索引擎内置的文档排序（Document Ranking）功能，自动将查询结果根据其相关性排序。特别是对于多关键字查询，因为搜索引擎是全文索引（full text indexing）[1]的，所以查找起来非常方便。

本章及后面的几章对著名的分布式文件系统、NoSQL 系统和 NewSQL 系统做一个简要介绍，以方便读者了解其设计思路及主要应用场景。

9.1 分布式文件系统的实现原理

作为互联网技术的先驱，谷歌率先遇到了大数据（即大规模的搜索索引）的问题。2003年，谷歌发表了 GFS 论文，向业界介绍了其分布式文件系统设计方案。当时，著名的开源搜索引擎 Apache Lucene 的作者 Doug Cutting 也正在被同样的问题所困扰，看到谷歌的这篇论文后，他很吃惊，这正是他所需要的啊！于是，以此 GFS 的设计为蓝图，他开始用 Java 实现一个分布式文件系统，这就是后来的 Hadoop HDFS。

受 GFS 设计思想影响的不只有 Doug Cutting，还有国内的互联网巨头们。淘宝面临的问题有些不同，它要存储的是大量的商品快照缩略图（促销时为了防止商家赖账，淘宝就将商家在促销时打出的价格和优惠措施截图保存起来），单个缩略图尽管不大，但数量众多，因此传统的文件系统无法有效存储[2]。通过采用和 GFS 类似的架构与设计，淘宝开发了自己的 TFS 分布式文件系统。京东的 JFS 和百度的 BFS 在架构和设计上也是与 GFS 非常类似的。

---

[1] 全文索引是指对文档中出现的每一个关键字都建立索引，而不是只对某些关键字建立索引。

[2] 传统的文件系统中的每个文件都需要存储一些元数据（如 Linux 文件系统中的 inode），如果文件尺寸不大，则元数据所占的比重会比较大，因此会浪费很多存储空间。另外，小文件因为其数量众多，检索效率也非常低。

下面我们以大型分布式文件系统的鼻祖 GFS 为例，看一下分布式文件系统的实现原理。

1. 关于 GFS 的几点假设

GFS 论文中提到了几点假设。

- 使用普通商用服务器而不是专用服务器，以降低成本。
- 因为使用的是普通商用服务器，且服务器数量很多（上千台），所以硬件发生故障是常态。
- 文件尺寸都比较大，几个 GB 的文件是常态。
- 文件的写操作主要是在文件尾的添加操作，随机写很少。
- 一旦文件生成，则主要是顺序读操作。
- 文件系统和应用程序是紧密结合在一起的，而且是一起进行设计的。

2. GFS 对外提供的接口

与单机文件系统类似，GFS 也提供了文件与目录的抽象和类似于 POSIX[①]文件系统 API 的编程接口，支持文件和目录的创建、删除、打开、关闭、读和写操作。此外，GFS 还支持高效的取快照（snapshot）操作和满足原子性的记录追加（record append）操作。

GFS 提供了一个客户端库，实现了所有对外提供的 API。

3. GFS 架构

图 9-1 展示的是 GFS 的架构。

整个系统包括几个角色：多个 GFS 客户端（GFS Client）、一个 GFS 主服务器（GFS Master Server）、0 个或多个 GFS 影子主服务器（GFS Shadow Master Server）和多个 GFS 数据块服务器（GFS Chunk Server）。

- **GFS 客户端**：客户端通过 GFS 提供的客户端库使用 GFS 提供的功能。
- **GFS 主服务器**：主服务器上面存放了整个 GFS 系统的元数据（命名空间、权限控制、文件/数据库/副本之间的映射）。元数据存储在主服务器的内存中。对元数据进行修改前，要先写操作日志，只有在写日志成功后才能对元数据进行修改。操作日志保存在磁盘上，且在多个机器上保存多份。为了避免操作日志变得太大，每隔一段时间，GFS 就创建一个检查点（checkpoint）。检查点被组织成一棵紧凑的、类似于 B 树的形式存储在磁盘上，便于快速加载到内容中使用。GFS 系统重启或恢复时，仅需要加载最新的检查点，然后再重放操作日志即可。
- **GFS 影子主服务器**：影子主服务器对外提供"只读"服务，它上面保存的元数据不保证是最新的，与主服务器上保存的元数据相比可能会有一点滞后（通常不到 1

---

① POSIX（Portable Operating System Interface）是 IEEE 定义的一套计算机操作系统和应用程序之间的接口，其目的是提高应用程序在不同操作系统上的兼容性。

秒）。因此，在主服务器重启期间，那些可以接收非最新数据的应用可以通过影子
服务器继续使用 GFS。

- **GFS 数据块服务器**：数据块的实际存储者，它和主服务器有心跳联系，并告诉主
服务器它上面保存的文件块信息，主服务器据此维护其保存的元数据。

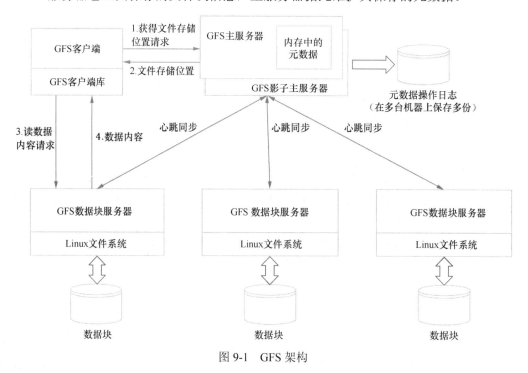

图 9-1 GFS 架构

每个 GFS 文件都被分成固定大小的数据块（64 MB）。数据块以文件的形式被保存在
运行着 Linux 的 GFS 数据块服务器上。为了增强可靠性，每个数据块被保存在多个数据块
服务器上（默认为 3 个）。

GFS 主服务器通过周期性的心跳机制监控数据块服务器的状态。

4. 读操作的实现

读操作的步骤如图 9-1 所示，具体描述如下。

（1）编译时，GFS 客户端连接 GFS 客户端库。读文件内容的 API（即 open 函数），带
至少两个参数，其中一个是文件名称，另一个是开始读的文件偏移（offset）。因为数据块
的大小是固定的，所以可将文件偏移转换成块索引（chunk index）。然后，GFS 客户端库发
送一个请求给主服务器，请求中包含欲读的文件名和块索引。

（2）收到来自客户端库的请求后，主服务器查询元数据，得到欲读块的各个副本的存
储位置。然后，返回给客户端库一个句柄（handle）及其各个副本的存储位置。

（3）收到主服务器返回的元数据后，GFS 客户端库就挑选一个副本（通常是最近的一个副本），然后发送读请求给存放这个副本的数据块服务器。

（4）该数据块服务器返回欲读块的内容给客户端库。

从上面的步骤可见，只有在查询块存放位置时，GFS 客户端才需要和主服务器打交道。一旦获知块存放放置后，GFS 客户端就直接和数据块服务器联系，而不需要主服务器了。

5. 单数据块写操作的实现

因为一个数据块被存储多份（一般为 3 份），分布在多个数据块服务器上，所以对某个块的写操作必须修改其所有副本。为了减轻主服务器对写操作的管理负担，GFS 引入了租期机制（lease mechanism）。

假设每个块被存储 3 份，那么主服务器就从这 3 个副本中选出一个作为主副本（primary replica），在租约（一般为 60 秒）到期之前，这个主副本一直负责该数据块的多个副本的一致性，并定义租约内对该数据块所有写操作的执行顺序。其余的两个副本为从副本（secondary replica）。

图 9-2 演示了 GFS 单数据块写操作的实现方式，单数据块写操作的步骤如下。

（1）同读操作类似，GFS 客户端库先将要写的文件偏移转换成块索引，然后发送请求给主服务器，查询该数据块的存储位置。

（2）主服务器查询自己维护的元数据，将该数据块的 3 个副本所在的数据块服务器以及当前的主副本是谁等信息返回给客户端库。

（3）为了提高写操作的执行性能，客户端库先将欲写入的数据块内容推送到 3 个副本所在的数据块服务器上。收到后，数据块服务器将其缓存到本地的 LRU（Least Recently Used）缓存中。

（4）当所有的副本都确认数据块接收成功后，客户端库就发送写请求给主副本。收到写请求后，主副本就给该写请求分配一个序列号。该序列号用于给当前租约期内的所有写操作赋予一个确定的顺序。然后，主副本按照序列号约定的顺序，在本地执行该写操作。

（5）当本地的写入成功后，主副本将写请求转发给其余两个从副本所在的数据块服务器。每个从副本都按照序列号约定的顺序执行该写请求。

（6）从副本返回给主副本写操作执行完成，无论是否写入成功。

（7）主副本返回给客户端库写操作执行完成。因为主副本一定写成功了，否则主副本不会将写请求转发给从副本，所以最后的结果一定是"主副本成功 + 0 个或 2 个从副本成功"。

（8）如果不是所有的副本都写成功，客户端库就重复第 3~7 步数次，直到所有的副本都写成功或者重试次数达到最大值为止。

（9）如果重试次数达到最大值后依然有某些从副本没有写成功，那么主服务器很快会发现该数据块的副本数低于 3，因此它就会选择新的数据块服务器，并将数据块复制到上面去，以满足数据副本数不低于 3 的要求。

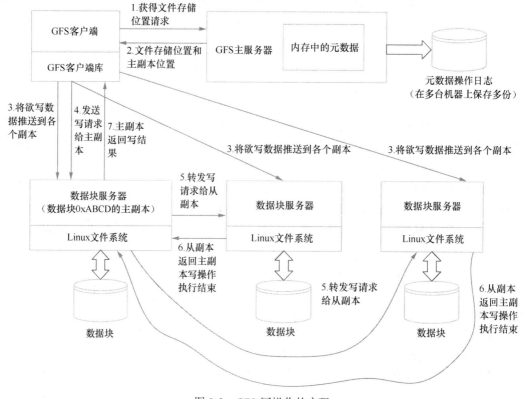

图 9-2   GFS 写操作的实现

6. 多数据块写操作的实现

如果一次写操作跨多个数据块，那么 GFS 将其拆分成多个单数据块写操作而分别独立执行。

如果有两个多数据块写操作 A 和 B，假如 A 涉及两个连续的数据块 A_1 和 A_2，B 涉及两个连续的数据块 A_2 和 A_3。注意，A 和 B 都会修改数据块 A_2。由于 GFS 并发地执行这 4 个单数据块写操作，因此最后 A_2 的结果是不确定的，这取决于是 A 的 A_2 先执行，还是 B 的 A_2 先执行，但不论哪个先执行，由于单数据块写操作中的序列号机制，最后 A_2 的内容要么来自 A，要么来自 B，而不会是二者的混合。

换句话说，对于单数据块写操作，GFS 是串行执行的，因此能保证其原子性。而对于跨多个数据块的写操作，GFS 不能保证多个单数据块操作的串行性，因此也就不能保证其原子性。

7.　追加操作的实现

GFS 对追加操作有一个限制，就是追加的数据大小不能超过数据块大小的 1/4。

GFS 的追加操作很多地方与单数据块的写操作类似，不同的地方如下。

（1）在单数据块操作的第 1 步，客户端库向主服务器查询的是最后一个数据块的存储位置。

（2）在单数据块操作的第 4 步，当多个副本（即最后一个数据块的多个副本）所在的数据块服务器都收到欲追加的数据后，客户端库给主副本所在的数据块服务器发送追加请求。主副本所在的数据块服务器收到追加请求后，检查其剩余的空间是否能够容纳得下欲追加的数据。如果剩余空间不够，就将剩余空间用某种方式填充满[①]，实际上就是将最后一块的剩余空间浪费了，然后通知各个从副本也做同样的处理，然后通知客户端库在下一个数据块上重试。如果剩余空间足以容纳欲追加的数据，则将其追加到最后一块中，然后通知从副本也在同样的偏移追加。

（3）在单数据块操作的最后一步，如果不是全部副本都追加成功了，则客户端库一直重试，直到全部副本都追加成功为止。

上面的追加处理方式，对于追加的数据，在某些副本中有可能会被追加多次。例如，第一次尝试时，副本 1、2 成功，但副本 3 失败了。第二次尝试时，3 个副本都追加成功了。那么，在副本 1 和 2 中，数据被追加了两次，而副本 3 则只追加了一次。但无论如何，最后一次尝试的所有副本都是写成功的。另外，每次写的位置（即文件的偏移值）都是一样的。也就是说，GFS 并不保证不同副本的每个字节都是相同的，但保证每份副本都包含所有的数据，虽然有些数据会被包含多次。

8.　取快照操作的实现

熟悉 Linux 内核的读者都知道，当 fork()/clone()系统调用创建一个新的进程时，并不会复制当前进程的所有内存页面到新建的进程中，而是采用了所谓的写时复制（Copy On Write，COW）技术，即只是增加当前进程所有内存页面的引用计数，只有当某个页面的内容在以后的某个时刻被修改时，才会给新进程建立该页面的独立副本。这种做法的好处是显而易见的，既节约了内存空间，也缩短了系统调用的执行时间。

GFS 的取快照操作也采用了 COW 技术。具体地说就是，当对一个文件（或目录）取快照时，并不会立刻对该文件（或目录）的所有数据块进行复制，而是仅增加其引用计数，只有当以后某个数据块的内容被修改时，才为该数据块创建新的独立副本。

---

① GFS 论文的原文是："The primary checks to see if appending the record to the current chunk would cause the chunk to exceed the maximum size (64 MB). If so, it pads the chunk to the maximum size, tells secondaries to do the same, and replies to the client indicating that the operation should be retried on the next chunk."

9. GFS 的保证

因为 GFS 上的文件和目录内容都存储了多份，所以就存在数据一致性的问题。对此，GFS 的实现有如下保证。

（1）对于文件（或目录）命名空间的修改（如创建新文件），GFS 通过加锁保证其原子性。

（2）每次写操作后，文件（或目录）最后一个字节的偏移值在各个副本中都是一样的。

（3）每次写操作修改的文件（或目录）位置（即偏移值）都是一样的。

（4）单数据块的写操作保证其原子性，而且结果是确定的。

（5）一致性是指多个副本上都保存有同样的数据，确定性是指无论几个多数据块写操作如何执行，其结果都是唯一的。因此，对于多数据块写操作，GFS 仅保证其多个副本上的数据是一致的，但不保证有确定的结果，因为多个单数据块写操作是独立进行的。

（6）追加操作保证其原子性，而且结果是确定的。

9.2 其他分布式文件系统

下面对其他几款著名的分布式文件系统做一个简要的介绍。

1. HDFS

HDFS（Hadoop Distributed File System）是 GFS 的第一个开源实现版本，资料有很多。HDFS 与 GFS 的架构基本一致，但术语不同。

表 9-1 总结了 GFS 与 HDFS 术语的不同。

表 9-1　GFS 术语与 HDFS 术语对应表

GFS 术语	HDFS 术语
GFS	HDFS（Hadoop Distributed File System）
Master Server（主服务器）	Name Node（名称节点）
Chunk Server（数据块服务器）	Data Node（数据节点）
Operation Log（操作日志）	Journal、Edit log（杂志、编辑日志）
Chunk（数据块）（默认数据块大小为 64 MB）	Block（数据块）（默认数据块大小为 128 MB）

HDFS 中还有一个辅助名称节点（Secondary Name Node）。它听起来像是名称节点（Name Node）的副本，但实际上不是，它只是一个辅助进程，用来辅助名称节点进行日志的合并。

与 GFS 一样，HDFS 采用的也是主从式架构，因此其主节点（即名称节点）存在单点故障的问题。为了解决这个问题，HDFS 2.x 增加了一个高可用性功能。具体做法如下。

- 在 Hadoop 2.x 中有两个名称节点，其中一个是活动的，另一个则处于待机状态。
- 活动名称节点处理所有客户的请求。
- 和 Hadoop 1.x 一样，待机名称节点管理元数据。
- 当活动名称节点出现故障时，待机名称节点处理所有的客户请求。
- 活动名称节点与待机名称节点的管理与切换通过 ZooKeeper 实现。

2. TFS

TFS（Taobao File System）是淘宝网开发的针对海量小文件（文件大小一般不超过 1 MB）的分布式文件系统，且已开源。

与 Apache HDFS 类似，TFS 也是参考了谷歌的 GFS 的架构，区别在于，GFS 管理的是少量的巨型文件（文件大小为几个 GB 或更大），而 TFS 管理的则是大量的小文件。

图 9-3 展示了 TFS 的架构。从图 9-3 可以看出，其架构与 GFS 如出一辙。

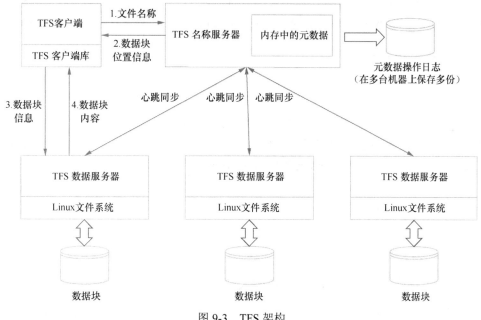

图 9-3 TFS 架构

下面是 TFS 的主要特点。

- TFS 将多个小的图像文件存放在一个大的磁盘文件中（文件块大小一般为 64 MB），这就极大地减少了操作系统中文件系统的元数据（如 inode），相应地也就减少了对存储空间的消耗。每个块存储多份，这一点也类似于 GFS/HDFS。
- TFS 集群由两个名称服务器（Name Server）（一主一备）和多个数据服务器（Data

Server）组成。两个名称服务器的主备管理通过 Linux 心跳机制实现。

- 名称服务器处理客户端请求，管理元数据（如文件与块的对应关系）和数据服务器的加入、退出、心跳等。
- 数据服务器管理数据块。

3. JFS

与 TFS 类似，JFS（Jingdong File System）也是为了解决海量小文件的管理问题而设计的。

4. BFS

同为搜索公司的百度和谷歌有着类似的烦恼，即大尺寸搜索索引文件的存储问题。因此，百度也开发了与 GFS 和 HDFS 类似的 BFS（Baidu File System）。BFS 与 TFS 和 JFS 不同，它是为了处理少量的大文件，而不是大量的小文件。

BFS 的架构与 GFS 和 HDFS 是非常类似的。不过，有一点不同，那就是其名称服务器的 HA（High Availability）解决方案。BFS 采用 Raft[①]协议来实现名称服务器的 HA。

5. Facebook Haystack

Facebook 的 Haystack 是一个与 TFS 和 JFS 类似的系统，解决的也是类似的问题，即海量小图像文件的存储问题。

在 Haystack 的存储层，与 TFS/JFS 类似，采用的策略也是将很多小文件存储在一个大的磁盘文件中。根据 Haystack 论文，使用 Haystack 后，读取一个图像文件时，Facebook 应用的 I/O 操作次数从平均 3 次降低到了平均 1 次。

9.3 分布式文件系统的应用

下面我们看一些分布式文件系统的应用。

1. 视频共享网站使用 HDFS 存储大量视频

对大型的视频共享网站来说，因为视频文件数量众多，视频的尺寸又都比较大，动辄几十 MB，几 GB 的视频文件也很常见），因此，对视频文件的存储来说，HDFS 就特别合适，因为 HDFS 本来就是为大文件的存储而设计的。

当然，一个好的视频网站，在存储层肯定还会使用 CDN、缓存等技术，但这些技术不能解决长尾问题。所谓长尾问题，是指有很多视频的访问量很小（如每天仅被访问一二十

---

① Raft 也是一种一致性达成算法（consensus algorithm），和 Paxos 相比，Raft 更加简单且易于实现。

次）。对于这些视频，CDN 和缓存技术显然帮助不大，因为 CDN 和缓存里只会存放那些访问量大的视频。

所以，对一个视频网站来说，一个好的分布式文件系统肯定是需要的，无论这个文件系统是自行开发的，还是像 HDFS 这样的开源软件。

2. 使用 TFS 存储淘宝商品缩略图

因为各种优惠、各种促销的存在，淘宝网上的商品价格变动频繁，为了减少买家与卖家之间的纠纷，淘宝网在每个订单中都保存了下单时的商品缩略图[①]。这些图片的平均大小为 17.45 KB，小于 8 KB 的图片占整体图片数量的 61%，若用文件系统存储，一是存取速度慢，这是由于磁头需要频繁地移动；二是会浪费不少磁盘空间，这是因为文件系统需要存放大量的元数据，而文件磁盘空间的分配是以簇（4 KB 甚至更大）为单位进行的。

于是，在参考谷歌 GFS 架构的基础上，淘宝开发了 TFS，将大量小文件存放在一个磁盘块（块大小一般为 64 MB）中，很好地解决了这个问题。

---

① 参见子柳的《淘宝技术这十年》第 49～51 页。

第10章

基于键值对的 NoSQL 数据库

经过多年的发展，NoSQL 数据库日渐成熟。

下面是 NoSQL 数据库的一些共性，大多数 NoSQL 数据库都具有这些特点。

- 无模式：与关系型数据库不同，NoSQL 数据库没有固定的模式（schema），这就为开发工作提供了很强的灵活性。例如，对于电商的商品数据，不同的商品具有不同的属性，自行车与计算机显然有许多属性是不同的。
- 非关系型。
- 不支持 SQL 语言，尤其不支持连接（join）操作。
- 采用分布式存储：存储在许多台机器组成的集群上。
- 采用普通商用硬件，即不是高端或定制的硬件，这是出于成本的考虑。
- Linux 操作系统：这部分是出于成本的考虑，部分是由于开源软件便于定制和易于排错。

根据其数据模型，NoSQL 数据库一般分为下面几种类型：

- 基于键值对的；
- 基于列存储的；
- 基于文档的；
- 基于图的；
- 基于时间序列数据的：还有专门为如股票价格、日志等时间序列数据设计的时间序列数据库，例如，用 Go 语言实现 InfluxDB，能够主动推送数据库变化的 RethinkDB。

真是百花齐放、百家争鸣！

本书下面几章将对上面所列的几种 NoSQL 数据库逐一进行简要的介绍。本章先介绍基于键值对的 NoSQL 数据库。

10.1 NoSQL 数据库的 CAP 权衡

根据 CAP 理论，所有的分布式系统不能同时满足一致性（consistency）、可用性（availability）和分区可容忍性（partition tolerance）。因此，所有的 NoSQL 数据库也必须在这三者之间做出选择。对分布式系统来说，在一致性、可用性和分区可容忍性这三者中，因为网络的不可靠性，分区可容忍性是不可避免的。因此，问题就变成了：当网络发生故障而出现网络分区时，是选择一致性还是选择可用性。

另外，需要说明的是，CAP 中的 C 和 A 与数据库 ACID 属性中的 C 和 A（参见 1.3 节）是不同的，为方便读者，将其重述于表 10-1 中。

表 10-1 CAP 与 ACID 中的 C 和 A 的不同

属性	CAP	ACID
C	英文是 consistency，指数据不同副本（replica）之间的一致性	英文也是 consistency，但指数据库的内容处于一致的状态，如主键与外键的一致性
A	英文是 availability，指系统的可用性	英文是 atomicity，指事务的原子性

10.2 基于键值对的 NoSQL 数据库的实现原理

基于键值对的 NoSQL 数据库的访问方式主要是通过一个键来取得对应的值，这是其最重要的特点。

谷歌开源的 LevelDB 是采用 LSM 树（log-structured merge-tree）作为存储数据结构的代表，但因其是单机版的 C/C++ 库，因此常被用作其他大型分布式 NoSQL 数据库的存储引擎；阿里巴巴的 Tair 是底层采用 LevelDB 或 MDB 作为存储引擎的，基于键值对的 NoSQL 数据库；而亚马逊 Dynamo 则是采用分布式哈希进行存储的代表。下面我们以它们为例看一下基于键值对的 NoSQL 数据库的实现原理。

10.2.1 谷歌的 LevelDB

LevelDB 是谷歌开源的单机版 NoSQL C/C++ 库，数据库内容以磁盘文件形式存储。

根据 LevelDB 的文档，它应该就是谷歌的 Bigtable 中的 SSTable 的存储形式。LevelDB 的数据结构是 LSM 树。关于 LSM 树的细节，请参见 LSM 树的论文。

下面简略介绍一下 LevelDB 在设计上的一些细节。

LevelDB 本质上维护的是一个大型的、单机版的哈希表。为了很好地支持哈希表的各种操作（增、删、读、写），它将该哈希表分为两部分，即内存中的可变部分和磁盘上的不变部分。

1. 数据文件格式

LevelDB 将哈希表按照键排序，然后将某个键在某个范围的全部键值对存储到一个文件中。文件格式如图 10-1 所示。

数据块 1	数据块 2	...	数据块 N	元数据块 1	...	元数据块 N	元数据索引块	索引块	文件尾块

图 10-1　数据文件的格式

文件的前面是数据块（data block），存放的是一个个键值对，按照键升序存放。

数据块后面是元数据块（meta block），其中存放的是一些元数据信息，如布隆过滤器等的信息。元数据索引块（metaindex block）是各个元数据块的索引。

倒数第二块是索引块（index block），对于文件中的每个数据块，在索引块中都有一条记录，记录的内容是一个字符串，这个字符串满足两个条件：（1）大于或等于该块中最后一条记录的键；（2）小于下一块中第一条记录的键。

文件的末尾是一个大小固定的数据结构，里面存放了各种数据块的开始位置、文件的魔数（magic number）等。

2. LevelDB 存储结构

LevelDB 的存储结构如图 10-2 所示。存储分为两部分，即内存部分和磁盘部分。

（1）内存部分：内存中存放的是最新的变化，称为 MemTable，这些变化还同时以日志的形式保存到磁盘上的一个日志文件中。如果 LevelDB 意外崩溃，可以通过重新执行日志中的操作构造内存中的 MemTable。

（2）磁盘部分：如果日志文件的尺寸超过了一定大小（默认为 4 MB），就将其内容写到一个层 0 的数据文件中，同时生成一个新的日志文件。

如果层 0 的文件数超过了 4 个，就将全部层 0 的文件，和键值范围与其重叠的那些层 1 的文件进行合并，生成一个或多个层 1 的文件（每个不超过 2 MB）。

对于层 L（$L \geqslant 1$），如果所有层 L 的文件尺寸加起来超过了 10^L MB，就将一个层 L 的文件和键范围与其重叠的所有层 $L+1$ 的文件合并，生成一个或多个层 $L+1$ 的文件。

此外，还有一个 Manifest 文件，描述每层有哪些文件，以及每个文件中存储的键范围等信息。

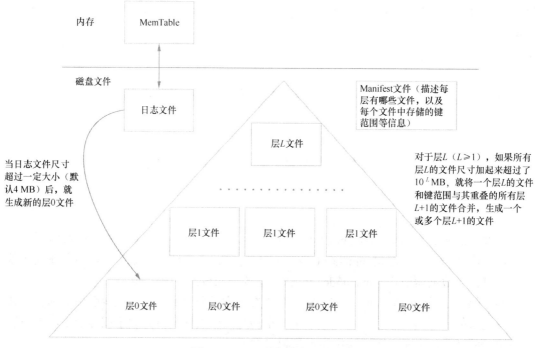

图 10-2　LevelDB 的存储结构

3. LevelDB 写操作

LevelDB 支持单行写操作的原子性。其写操作的步骤[①]如下。

（1）加锁。

（2）写日志。

（3）日志写成功后，更新内存中的 MemTable。

（4）解锁。

4. LevelDB 读操作

LevelDB 读操作基于内存中的 MemTable 与磁盘上的各层文件合并后的结果。因为 MemTable 与各层文件中的键都是有序的，所以合并操作可以高效地进行。再加上布隆过滤器的应用，LevelDB 的读操作效率也非常高。

5. LevelDB 存储结构的优点

从前面的讨论可以看出，与传统的关系型数据库（如 MySQL）相比，LevelDB 的读写操作效率都是很高的。

---

① 细节参见 LevelDB 数据库操作的实现代码。

10.2.2 阿里巴巴的 Tair

Tair 是阿里巴巴开源的 NoSQL 数据库。

如图 10-3 所示，Tair 是一个大型分布式的基于键值对的 NoSQL 数据库，其底层采用 LevelDB 或 MDB 作为存储引擎。其架构与 GFS/TFS 很类似。

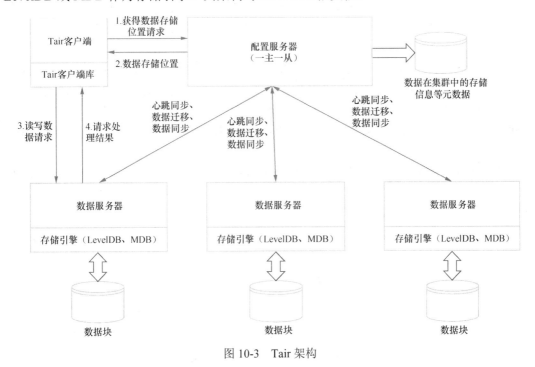

图 10-3　Tair 架构

在一个 Tair 集群中，有以下 3 种角色。

- 客户端：通过 Tair 客户端与配置服务器（config server）或数据服务器（data server）打交道。
- 配置服务器：存储集群中的元数据，如数据在数据服务器上的存储位置；也对数据分布进行管理，例如，为了使各个数据服务器负载较均衡，需要进行数据的迁移或复制。
- 数据服务器：数据的实际存储位置，它采用 LevelDB 或 MDB 作为存储引擎。

10.2.3 亚马逊的 Dynamo

Dynamo 是亚马逊开发的高可用分布式 NoSQL 数据库，采用分布式哈希，不开源。

Dynamo 被设计为仅供亚马逊内部使用，它对业界的影响主要是那篇关于其架构和设计的著名论文。

在那篇论文中，亚马逊介绍了 Dynamo 对分布式数据库设计中几个常见问题的解决办法。

1. 数据分区

为了支持大数据量，必须将数据进行分区，那么，该如何分区呢？换句话说，如何将数据分配在多台机器上呢？数据分区的方法主要有两种，即传统的哈希方法和分布式哈希方法。

（1）传统的哈希方法：根据键，进行哈希运算，例如对整数型键值取模，然后根据计算出的哈希值，将数据均匀地分布在多台机器上。这种方法实现简单，但缺点是，如果机器数量增加或减少了，就必须将现有数据重新进行哈希，并根据新的结果进行迁移。而在集群环境中，由于硬件发生故障是常态，因此，每次集群成员变化时都重新进行哈希是非常不现实的。

（2）分布式哈希方法：分布式哈希将整个哈希结果空间看作一个首尾相连的环。如图 10-4 所示。

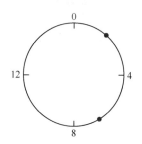

图 10-4 一致性哈希原理示意图

假设哈希结果空间为[0, 15]，再假设集群中共有 4 个节点（可以是物理机器，也可以是虚拟机器），每个节点负责这个空间的四分之一，即每个节点负责的哈希值范围如表 10-2 所示。

表 10-2 初始时各个节点负责的哈希值范围

节 点	负责的哈希值范围
节点 1	0、1、2、3
节点 2	4、5、6、7
节点 3	8、9、10、11
节点 4	12、13、14、15

假如现在有新的节点 5 加入集群，则可将现在节点 1 管理的哈希值范围[0, 3]分为[0, 1]和[2, 3]两部分，[0, 1]仍由节点 1 管理，[2, 3]则交给新节点 5 管理。而其他节点（即节点 2、节点 3 和节点 4）管理的哈希值范围不变，如表 10-3 所示。

表 10-3　节点 5 加入集群后，各个节点负责的哈希值范围

节　　点	负责的哈希值范围
节点 1	0、1
节点 2	4、5、6、7
节点 3	8、9、10、11
节点 4	12、13、14、15
节点 5	2、3

过了一段时间，假如节点 2 宕机了，那么，节点 2 负责的[4, 7]部分哈希值交由节点 3 接管，即现在节点 3 接管[4, 11]的数据，而其他节点管理的哈希值范围不变，如表 10-4 所示。

表 10-4　节点 2 因宕机退出集群后，各个节点负责的哈希值范围

节　　点	负责的哈希值范围
节点 1	0、1
节点 2	无（宕机，退出集群）
节点 3	4、5、6、7、8、9、10、11
节点 4	12、13、14、15
节点 5	2、3

从上面的示例可知，无论是新节点的加入，还是现节点的退出，采用分布式哈希的存储系统，都不需要像传统的哈希方法那样进行大规模的数据迁移。

2. 虚拟节点

前面讨论的一致性哈希算法虽然解决了频繁的数据迁移问题，但又引入了下面两个新的问题。

（1）数据在不同节点间的分布是随机的、不均匀的；

（2）没有考虑不同节点间硬件配置的差异。由于不同节点的硬件配置不同，因此其处理能力、存储能力也是不同的，不应该对它们一视同仁。

为了解决这个问题，Dynamo 又引入了虚拟节点（virtual node）的概念，一个节点上可以运行多个虚拟节点。

（1）可以认为不同虚拟节点在能力上是没有差异的。对于硬件配置较高的节点，可以在上面多运行几个虚拟节点，而硬件配置较低的节点上运行的虚拟节点数量就可以少一些。

（2）当有新节点加入时，可以将现有的多个节点负责的哈希值范围分配给它。当然，

是分配给新节点上面的多个虚拟节点。

3. 高可用性

为了满足高可用性，必须将数据复制多份。

（1）数据复制：数据的复制份数是一个可以配置的变量。假如数据的复制份数为 3，那么 Dynamo 会将它复制到连续的 3 个节点上（注意，不是虚拟节点）。例如，根据一个键的哈希值，它应该存储在节点 2 上，那么实际上它会存储在节点 2、3、4 上[①]。假设还是如图 10-4 所示的哈希值空间，还是有 4 个节点。表 10-5 展示了每个节点负责的实际哈希值范围。

表 10-5　各个节点负责的哈希值范围（假设复制 3 份）

节 点	负责的哈希值范围
节点 1	0、1、2、3 4、5、6、7（节点 2 数据的复制） 12、13、14、15（节点 3 数据的复制）
节点 2	4、5、6、7 0、1、2、3（节点 1 数据的复制） 12、13、14、15（节点 3 数据的复制）
节点 3	8、9、10、11 0、1、2、3（节点 1 数据的复制） 4、5、6、7（节点 2 数据的复制）
节点 4	12、13、14、15 4、5、6、7（节点 2 数据的复制）

（2）数据一致性：在大型集群中，某些节点暂时不能访问是常态，那么，在这样的环境下，该如何保证多份副本的一致性呢？Dynamo 采用的是向量时钟算法（vector clock algorithm）。关于该算法的细节，Dynamo 论文中有详细的描述，此处不再重复。

4. 数据一致性检测

对于多个副本的一致性检测，Dynamo 采用的是基于 Merkle 树的算法。

Merkle 树是一棵由哈希值构成的树，父结点的值是其所有直接子结点值的哈希，最底层的叶子结点值是数据值的哈希。如果两棵 Merkle 树根结点的值不同，则它们的叶子结点值肯定有不同之处[②]。

---

① 节点 1、2、3、4 构成一个环，按照顺时针方向，从哈希值所指的那个节点开始，选择连续的 3 个节点。

② 但反过来，如果两棵 Merkle 树根结点的值相同，则它们的叶子结点值未必完全相同，这是因为不同键的哈希值可能是相同的。

Dynamo 为每个哈希值范围维护一棵 Merkle 树。如果这个哈希值范围存储在两个节点 A 和 B 上，那么只要比较这两棵 Merkle 树的根结点值，就能知道它们是否不同。

5. 集群成员管理

对于集群成员的管理，Dynamo 采用的是基于 Gossip 的协议。Gossip 是一种点对点（peer to peer）通信协议，不依赖个别中心节点，健壮性高，缺点是实现复杂。

10.3 其他基于键值对的 NoSQL 数据库

下面是其他一些比较著名的基于键值对的 NoSQL 数据库。

10.3.1 Memcached

Memcached 是著名的基于内存的 NoSQL 数据库。

Memcached 的架构如图 10-5 所示。缓存在 Memcached 中的数据都是以<键，值>对的形式存在的。Memcached 集群缓存的数据都存储在内存中。数据在集群中不同节点间的分配采用的是一致性哈希，而一致性哈希的逻辑实现在 Memcached 客户端库中。数据的过期策略采用简单的最近最少使用算法。

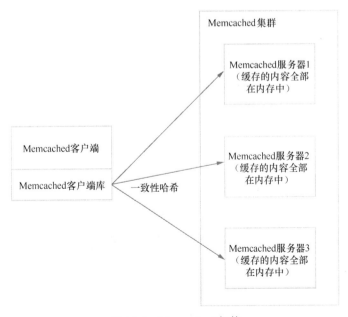

图 10-5　Memcached 架构

Memcached 的优点是简单、易用，缺点是不支持数据的冗余。如果集群中的某个节点宕机了，上面缓存的数据就全部丢失了。不过，这对应用应该不会有太大的影响，毕竟 Memcached 上面存放的仅仅是缓存数据，应用应该在别的地方还有数据的其他副本。某个节点宕机后，因为无法从该节点中取到数据，应用会试图从其他地方获取数据，并将其缓存到 Memcached 集群中的其他节点上。

10.3.2　Redis

Redis 是另一款著名的基于内存的键值对 NoSQL 数据库，因为它支持集合、列表等复杂的数据结构，所以常被称为数据结构服务器（Data Structure Server）。

与 Memcached 相比，Redis 提供的功能更为丰富。Redis 支持将内存中的缓存数据转储成磁盘文件，这样万一 Redis 服务器宕机了，可以从磁盘文件中恢复。

Redis 集群还支持主从式的服务器间复制，以及通过哨兵（sentinel）监控主服务器的状态，一旦主服务器宕机了，可以重新选举出新的主服务器。

图 10-6 是一个 Redis 集群的部署示例。该集群中有一个 Redis 主服务器和两个从服务器，主服务器会将其上的数据复制到从服务器 1 和从服务器 2 上。而且，每个服务器上都部署了哨兵软件，哨兵监控各个服务器的状态，一旦发现主服务器宕机，会将某个从服务器选举为新的主服务器。

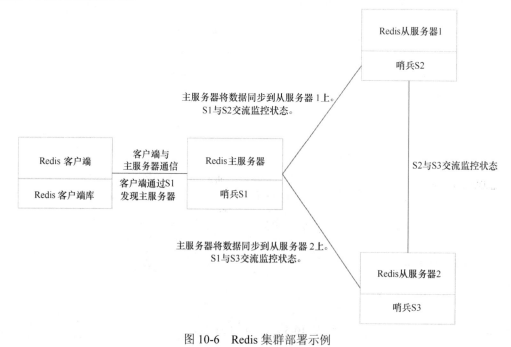

图 10-6　Redis 集群部署示例

10.3.3　Berkeley DB

与其他基于键值对的 NoSQL 数据库不同，Berkeley DB 是可嵌入的，即可被加载到进程内，通过进程内调用访问，因此常被用作其他 NoSQL 数据库的存储引擎。其数据存储在磁盘文件上。

Berkeley DB 的最初版本来自美国加州大学伯克利分校开发的 Unix 版本，其作者是马戈・塞尔策（Margo Seltzer）和迈克・奥尔森（Mike Olson）。后来，新创立的网景公司（Netscape）打算采用 Berkeley DB 来实现其目录服务器，但发现它缺乏对并发、事务和故障恢复的支持，因此，在网景公司的劝说下，马戈・塞尔策和迈克・奥尔森创立了 Sleepycat Software 公司来实现这些功能。Sleepycat Software 对 Berkeley DB 做了很多增强，当然，其中包括对并发、事务和故障恢复的支持。2006 年，甲骨文（Oracle）公司收购了 Sleepycat Software。

目前的 Berkeley DB 有 3 个版本，如图 10-7 所示。

- Berkeley DB：用 C 语言实现，包括 Berkeley DB Core 和 C API。此外，还支持 C++、Java/JNI、C#、Python、Perl 等多种语言的 API。支持并发、事务、高可用性等特性。
- Berkeley DB XML：基于 Berkeley DB，采用 Berkeley DB C++ API 实现。使用 Berkeley XML，用户可以使用 XQuery 和 XPath 来进行数据查询。
- Berkeley DB Java Edition：用 Java 语言重新实现的版本，除共享一些 Java API 的接口之外，和 Berkeley DB 没有关系。它以 Jar 包的形式存在。

图 10-7　Berkeley DB 的版本

10.3.4　Facebook RocksDB

RocksDB 是 Facebook 开源的单机版的 NoSQL C/C++库，数据库内容也以磁盘文件形式存储，借鉴了不少 LevelDB 的代码。

与 LevelDB 类似，RocksDB 的存储也是基于 LSM（log-structured merge-tree）数据结构的，但针对闪存、固态硬盘（solid-state drive）和 HDFS 做了很多优化。

RocksDB 的 LSM 实现与 LevelDB 非常类似，也是想将变化的数据存储在内存中的 MemTable 中，如果 MemTable 满了，就转存到磁盘上的 sstfile 中。

10.3.5　Riak

Memcached DB 和 Redis 都非常适合缓存那些不经常变化的热点数据（如商品属性等），但因为其数据存储在内存中，一旦掉电，数据会有损失，所以它们都不适合用于数据存储，而仅适合数据缓存。

Dynamo 虽然很适合数据的存储，但其不开源，只能在 AWS 中以托管服务的方式使用它。

Riak 借鉴和实现了 Dynamo 论文中提到的很多设计思想，例如基于分布式哈希的、使用向量时钟算法解决数据的一致性问题、使用 Gossip 协议管理集群成员和使用 Merkle 树检测一致性问题。不过，缺点是其实现语言是 Erlang，熟悉这种语言的人不多。

10.3.6　Voldemort

Voldemort 也是受 Dynamo 的启发，由领英开发并开源的。Voldemort 也借鉴了 Dynamo 的很多设计思想和算法，如一致性哈希、向量时钟算法等。与 Riak 不同的是，Voldemort 的开发语言为 Java。Voldemort 官方提供了 3 种语言（C++、Python 和 Ruby）的客户端库。

10.4　基于键值对的 NoSQL 数据库的应用

下面我们看一些基于键值对的 NoSQL 数据库的应用。

10.4.1　使用 Redis 缓存会话数据

Web 应用经常会维护一些与会话（session）相关的数据，例如当前登录的用户 ID、登录时间、最近访问的页面等。由于 Redis 中的数据都存储于内存中，访问速度非常快，这些会话数据非常适合存储在 Redis 这样的 NoSQL 数据库中。

另外，由于内存空间的限制，Redis 能够缓存的会话数据量是有限的。如果要缓存的数据量超出了内存容量的限制，那就只能将一部分会话数据从 Redis 中移走。至于应该将哪些数据移出 Redis，就要看应用的需要了，比较常见的策略是采用最近最少使用策略。

10.4.2　使用 Berkeley DB/LevelDB/RocksDB 构建自己的分布式存储系统

作为嵌入式键值对数据库，Berkeley DB/LevelDB/RocksDB 经常作为单机上的存储引擎使用，用于构建更复杂的分布式存储系统。

例如，PingCAP 公司的开源分布式数据库产品 TiDB，其存储引擎采用的就是 Facebook 开源的 RocksDB。之所以采用 RocksDB，是因为"开发一个单机存储引擎工作量很大，特别是要做一个高性能的单机引擎，需要做各种细致的优化，而 RocksDB 是一个非常优秀的开源的单机存储引擎，可以满足我们对单机引擎的各种要求，而且还有 Facebook 的团队在做持续的优化，这样我们只投入很少的精力，就能享受到一个十分强大且在不断进步的单机引擎。"[①]

另外，Riak 也支持将存储引擎配置为 LevelDB。

当然，要构建一个可用的分布式数据库产品，只有存储引擎是远远不够的，还需要考虑数据的多副本保存、主副本的选举、不同副本间的同步等诸多问题。要了解这些细节，请参阅 TiDB 的相关文档。

10.4.3　使用 Berkeley DB/LevelDB/RocksDB 作为本地数据库

Berkeley DB/LevelDB/RocksDB 中保存的数据是无模式的（schemaless），再加上其数据是以磁盘文件形式存储的，可以持久化，而且对内存的要求也不高，因此很适合用于本地缓存。

例如，谷歌的 Chrome 浏览器的 IndexedDB API 实现就是采用 LevelDB 作为其存储引擎的。IndexedDB API 是一个 W3C 建议的浏览器标准 API，和 HTML5 的本地存储（local storage）相比，IndexedDB 可以在浏览器端存储更多的数据，这一点，对于在未联机（offline）状态下也能工作的应用是至关重要的。

[①] 摘自"三篇文章了解 TiDB 技术内幕——说存储"一文。

第11章

基于列的 NoSQL 数据库

传统的 RDBMS 都是基于行存储的，一条记录的所有列的数据都存储在一起，这样可以方便地找到一条记录的所有相关数据。而基于列存储的 NoSQL 数据库则不然，它将不同行的同一列数据集中存储，这样，如果只需要查询某些列的数据，而不需要查询整行数据的话，查询效率会高很多。

基于列存储的 NoSQL 数据库大多是受谷歌的 Bigtable 的启发，因此，其数据模型也与 Bigtable 类似，本质上是一个分布式的海量哈希表。在这个哈希表中：（1）所谓的行，其实就是一个键值对，即<行键，各个字段的值>；（2）为了方便存取和加快存取速度，这些系统都允许将一张表的列分为几个列族（column family），每个列族可以包含多个列，而且属于同一行的同一列族的列都存储在同一个集群节点上（便于读取）；（3）对于同一行的写操作，这些系统也都保证其原子性，但对于跨行的事务都不保证原子性。

11.1 基于列的 NoSQL 数据库的实现原理

Bigtable 是基于列存储的 NoSQL 数据库的鼻祖。下面以它为例，介绍一下基于列存储的 NoSQL 数据库的实现原理。

11.1.1 数据模型

与传统的关系型数据库中的表不同，Bigtable 的数据模型不是一张简单的二维表。

表 11-1 是一个 Bigtable 表的示例，它存储的一个大型搜索引擎对整个 Web 进行一遍爬

行后的结果。其每一行都有一个行键（row key），而且每行可以包含一定数量的列族[①]，每个列族中可以包含的列的数量则可以很多。表 11-1 给出的爬行结果表的行键是网页的 URL，它有两个列族，即 Contents 和 Anchors。Contents 列族有两列，分别是 EN 列和 CN 列，其中 EN 列存储的是行键 URL 的英文网页内容，而 CN 列存储的则是中文网页内容。Anchors 列族有不定数量的列，每列都是对行键 URL 的一个引用，其内容是 HTML 页面中的<a>标签的文本内容。另外，EN 列和 CN 列都存储了页面内容的最近 3 个版本。t1、t2 和 t3 表示不同时间点采集到的网页内容。

表 11-1　Bigtable 表的示例：爬行结果表[②]

行键	Contents		Anchors		
	EN	CN	www.site1.com	www.site2.com	……
www.company1.com	t1: \<html\>…… t2: \<html\>…… t3: \<html\>……	t1: \<html\>…… t2: \<html\>…… t3: \<html\>……	Company1 is a great company.	Company1 is a world leader……	
www.company2.com	t1: \<html\>…… t2: \<html\>…… t3: \<html\>……	t1: \<html\>…… t2: \<html\>…… t3: \<html\>……	Company2, the NO. 1 provider of ……	Company2 is the largest provider of ……	
……	……	……	……	……	

表 11-1 中存储的信息非常丰富，如果用关系型数据库描述，则大致相当于图 11-1 所示的多张表。

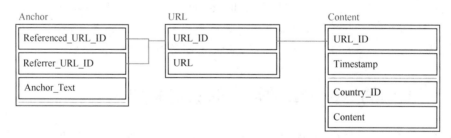

图 11-1　用关系型数据库表示的爬行结果表

如果将表 11-1 中存储的信息转储到图 11-1 所示的关系型数据库表中，则内容大致如表 11-2、表 11-3 和表 11-4 所示，表中的 PK 表示主键，FK 表示外键。

---

① 在一个 Bigtable 中列族的数量不会很多，有几百个左右。而且，列族必须先创建，然后才能使用，而列族中的列则不需要先创建就可使用。

② Bigtable 可以保存一个字段的最近 3 个版本。表中的 t1、t2 和 t3 表示最近的 3 个版本的创建（或修改）时间。

表 11-2 关系型数据库的 URL 表内容示例

URL_ID（PK）	URL
1	www.company1.com
2	www.company2.com
3	www.site1.com
4	www.site2.com
……	……

表 11-3 关系型数据库的 Content 表内容示例

URL_ID（PK、FK）	Timestamp（PK）	Country_ID（PK）	Content
1	\<t1\>	EN	\<html\>……
1	\<t2\>	EN	\<html\>……
1	\<t3\>	EN	\<html\>……
1	\<t1\>	CN	\<html\>……
1	\<t2\>	CN	\<html\>……
1	\<t3\>	CN	\<html\>……
2	\<t1\>	EN	\<html\>……
2	\<t2\>	EN	\<html\>……
2	\<t3\>	EN	\<html\>……
2	\<t1\>	CN	\<html\>……
2	\<t2\>	CN	\<html\>……
2	\<t3\>	CN	\<html\>……
……	……	……	……

表 11-4 关系型数据库的 Anchor 表内容示例

Referenced_URL_ID（PK、FK）	Referrer_URL_ID（PK、FK）	Anchor_Text
1	3	Company1 is a great company.
1	4	Company1 is a a world leader……
2	3	Company2, the NO. 1 provider of ……
2	4	Company2 is the largest provider of ……
……	……	……

那么，既然 Bigtable 中的信息亦可以保存在关系型数据库中，为什么还需要 Bigtable

呢？换句话说，和关系型数据库相比，Bigtable 有哪些优点呢？如下所列。

（1）属于同一张 Bigtable 表的内容可以分布在不同的节点上。Bigtable 的行键可以是任意的字符串，Bigtable 根据行键的字典序将表内容分区存储。

（2）属于同一个列族的列的数据类型一般是一样的。事实上，由于 Bigtable 将同一列族中的列一起压缩存储，如果列族中的列的数据类型都一样，压缩率会高一些。由于同一列族中的列存储在一起，可以将经常一起使用的列放在同一个列族中，以提高访问效率。这应该也是 Bigtable 之所以被称为基于列存储的 NoSQL 数据库的原因。

（3）Bigtable 仅保证单行数据修改的原子性，对于涉及多行的修改（类似于关系型数据库的 JOIN 操作），不能保证其原子性。因此，没有了支持 JOIN 操作的负担，Bigtable 的扩展性比关系型数据库好得多。

（4）本质上，Bigtable 的数据模型是一个分布式的、稀疏的、巨型的哈希表，其键是一个三元组，即行键、列和时间戳，其值是行的内容。Bigtable 仅保证该哈希表单个键值对读写操作的原子性，而不保证涉及多个键值对读写操作的原子性。可以用(row:string, column:string, time:int64) → string 来表示一条键值对记录。

11.1.2 架构

图 11-2 展示的是 Bigtable 的架构。

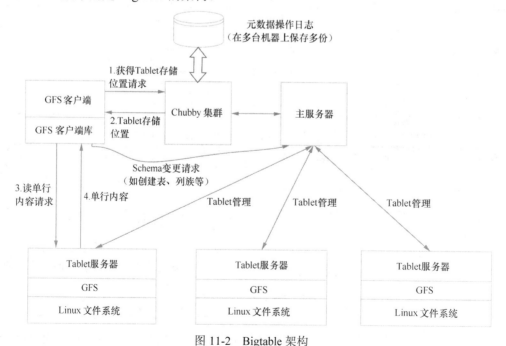

图 11-2　Bigtable 架构

Bigtable 中有个非常重要的概念是 Tablet。前面提到，Bigtable 根据行键的字典序将表内容分区存储，每一个分区称为一个 Tablet。如果一个 Tablet 中新增加了太多的行而超过了 Tablet 的存储容量，就会导致一个 Tablet 分裂为两个 Tablet。这一点和 B+ 树类似。

那么，如何知道一个 Tablet 到底存储在哪个 Tablet 服务器上呢？对于这个定位问题，Bigtable 同样借鉴了 B+ 树的设计思想，下面我们看看 Bigtable 是如何解决这个问题的。

Tablet 的存储位置信息存放在元数据中，而元数据信息存放在元数据 Tablet（Metadata Tablet）中，有一个特殊的元数据 Tablet 称为"根 Tablet"。"根 Tablet"存放的是其他元数据 Tablet 的索引，其他元数据 Tablet 中都有一行，行的内容包括该元数据 Tablet 保存的最后一行数据，以及该元数据 Tablet 的 ID。

图 11-3 描述了 Bigtable 是如何定位 Tablet 的。

（1）Bigtable 在 Chubby 上保存了一个固定文件名的文件，这个文件的内容是根 Tablet 的位置。根 Tablet 是一个被特殊对待的存放元数据的 Tablet，它不可分裂，以保证最多经过 3 步就可定位任何 Tablet。

（2）假如我们现在要查找 Tablet A 在哪个 Tablet 服务器上，具体步骤如下。

① 从 Chubby 中得到根 Tablet 的位置，即根 Tablet 存放在哪个 Tablet 服务器上；

② 联系相应的 Tablet 服务器，读取根 Tablet 的内容，然后在根 Tablet 中查找 A 的描述信息所在的元数据 Tablet；

③ 读取相应的元数据 Tablet，找到 A 的描述信息，获知 A 的位置信息（即存储在哪个 Tablet 服务器上）。

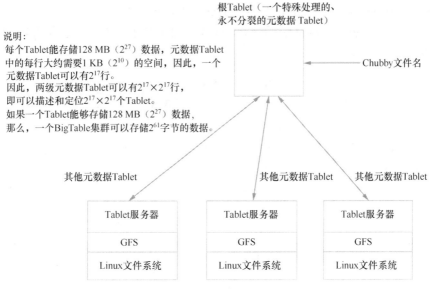

图 11-3　Tablet 的定位

（3）每个 Tablet 能存储 128 MB（2^{27}）数据，元数据 Tablet 中的每行大约需要 1 KB（2^{10}）的空间，因此，一个元数据 Tablet 可以有 2^{17} 行。所以，两级元数据 Tablet 可以有 $2^{17} \times 2^{17}$ 行，即可以描述和定位 $2^{17} \times 2^{17}$ 个 Tablet。如果一个 Tablet 能够存储 128 MB（2^{27}）数据的话，那么，一个 Bigtable 集群可以存储 2^{61} 字节的数据。

对于 Tablet 表示与存储相关的细节，Bigtable 论文提及的不多，不过，很多人都认为谷歌开源的 LevelDB 的存储结构和 Tablet 的存储结构基本是一致的，参见 10.2.1 节。

在每个 Bigtable 集群中，都部署了一个 Chubby 集群，Chubby 在其中有如下作用。

（1）保存根 Tablet 的位置，即根 Tablet 存放在哪个 Tablet 服务器上。

（2）保存用户权限信息，即哪些用户有哪些读写权限。

（3）确保同一时刻只有一个主服务器。

（4）每个加入集群的 Tablet 服务器都在 Chubby 中某个固定目录下创建一个文件，这样，主服务器就可以了解集群中有哪些 Tablet 服务器可用了。

11.2 其他基于列的 NoSQL 数据库

下面我们看一下另外几个著名的基于列的 NoSQL 数据库。

11.2.1 Apache HBase

HBase 是 Apache 的开源项目，是谷歌的 Bigtable 的开源实现。

HBase 架构简直就是 Bigtable 的翻版，就不重复笔墨了。为方便读者理解，将 HBase 与 Bigtable 相对应的概念总结在表 11-5 中。

表 11-5　Bigtable 与 HBase 概念的对应关系

谷歌的 Bigtable 概念	Apache HBase 概念
Bigtable Master	HMaster
Tablet Server（Tablet 服务器）	Region Server（Region 服务器）
Column Family（列族）	Column Family（列族）
Column（列）	Column（列）
Tablet	Region
SSTable	HFile
MemTable	Memstore
Tablet log（Tablet 日志）	Write ahead log（预写日志）
METADATA 表	hbase:meta 表（以前称为 .META 表）

另外，还要提及的一点是，HBase 采用的分布式同步服务组件是 Apache ZooKeeper，其功能与用法和 Bigtable 中的 Chubby 完全一样。

11.2.2　Apache Cassandra

Cassandra 是一个由 Facebook 捐献的，数据模型基于谷歌的 Bigtable，但存储方案采用了亚马逊的 Dynamo 的分布式设计方案、基于列的 NoSQL 数据库。

1.　数据模型

与 Bigtable 类似，在 Cassandra 中，表也是一张分布式的多维哈希表。哈希表的键是行键，哈希表的值就是整行数据。

列被组织成列族。一个列族可以由一系列的列或其他列族组成。包含其他列族的列族称为超级列族（super column family）。

对一行的任何操作，在一个副本范围内是原子的。

2.　数据分片

与 Dynamo 类似，存放数据分片的所有节点构成环。存储数据时，根据每行的行键，计算一个一致性哈希函数的值。然后，根据哈希值，按照一定的规则，找到 N 个虚拟节点。数据在这 N 个虚拟节点上都存储一份，这个 N 称为复制因子（replication factor）。

在 Cassandra 中，负载较轻的节点可以在环中移动位置，以减轻负载较重节点的负担。

3.　集群成员管理

与 Dynamo 类似，对 Cassandra 集群成员的管理采用的也是一种 Gossip 协议（即 Scuttleback 协议）。

新节点通过 Cassandra 提供的 CLI（Command Line Interface）或 Web 界面加入集群。

新节点加入集群的方式有以下两种。

（1）新节点获得一个随机的令牌（Token）。这个令牌给出了该新节点在环中的位置。然后，该节点通过 Scuttleback 协议将其位置告知其他节点。

（2）新节点通过一个配置文件获得其初始联系节点（即种子节点）。

4.　数据存储

与 Bigtable 类似，Cassandra 也使用了 LSM 树来保存一个节点上的数据。Cassandra 依赖于本地的文件系统来存储数据。

为了实现故障恢复，Cassandra 在写操作执行前也先写日志（即 Redo 日志）。

与 Bigtable 类似，Cassandra 的读操作也是先检查 LSM 树的内存部分，如果命中，则直接返回，否则读 LSM 树的磁盘部分。Cassandra 也使用了布隆过滤器以加快读操作。写操作也是先写日志。然后更新 LSM 树的内存部分。如果 LSM 树的内存部分已经足够大，就写到磁盘上。

11.2.3　Baidu Tera

Tera 是百度的开源项目，是 Bigtable 的百度实现，其架构也与谷歌的 Bigtable 很像。下面是几点说明。

（1）Tera 的数据模型与 Bigtable 类似，也是一个分布式的哈希表。

（2）Tera 有一个分布式文件系统的抽象层，支持多种分布式文件系统（如 BFS、HDFS、HDFS2、POSIX 文件系统等）。而 Bigtable 的数据只能存储在 GFS 中，HBase 的数据只能存储在 HDFS 中。

（3）与 Bigtable 需要 Chubby 类似，Tera 也需要一个分布式同步服务。Tera 的分布式同步服务可以是 ZooKeeper，也可以是百度自己的分布式同步服务 iNexus。

11.3　基于列的 NoSQL 数据库的应用

下面我们看一些基于列的 NoSQL 数据库的应用。

11.3.1　HBase 用于数据分析系统

HBase 支持存储海量的数据，但因为不支持跨行事务，所以不适合用于联机事务处理系统（OLTP）中，但很适合用在联机分析处理系统（OLAP）中。

图 11-4 是某医疗保险公司使用 HBase 用于存储 OLAP 数据的例子。Apache Flume 将

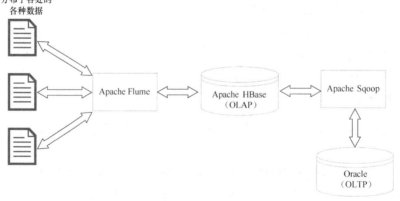

图 11-4　HBase 用于存储联机分析数据

分布在各处的各种数据收集到 HBase 中，然后由 Apache Sqoop 周期性地将数据导入 Oracle 数据库中，再由 Oracle 进行复杂的跨行事务处理以生成保险支付单。

11.3.2　HBase 用于存储呼叫记录

由于所处的珠三角地区经济发达，广东移动的业务量非常大。广东移动将呼叫记录存储在 HBase 中，这样，就能够为用户提供查询最近 6 个月呼叫记录的功能。

之所以使用 HBase 来存储呼叫记录，大家可以想一想其中的原因。在我看来，一是因为 HBase 能够存储大量的呼叫记录，二是因为呼叫记录的查询操作不需要跨行的事务支持。

第 12 章

基于文档的 NoSQL 数据库

基于文档的 NoSQL 数据库将一条记录作为一个整体存储在一起，没有列的概念，一条记录就是一个文档。基于文档的 NoSQL 数据库对同一个文档的 CRUD（Create、Read、Update 和 Delete）操作满足事务的 ACID 属性，但对跨多个文档的操作不满足 ACID 属性。

12.1　基于文档的 NoSQL 数据库的实现原理

MongoDB 是著名的基于文档的 NoSQL 数据库，下面我们以 MongoDB 为例，看看这类 NoSQL 数据库的实现原理。

MongoDB 是一家名为 10gen 的公司开发的一款 NoSQL 数据库。2009 年，10gen 公司将其开源。2010 年，10gen 公司改名为 MongoDB Inc。

12.1.1　数据模型

MongoDB 以文档的方式存储数据。数据以 BSON（Binary JSON）格式进行存储。

一个文档可以包含一个或多个字段，每个字段的类型可以是一些简单的类型（如整数、双精度、字符串等），也可以是数组、二进制数据或嵌套子文档等复合类型。

表 12-1 列出了关系型数据库与 MongoDB 概念的对应关系。

表 12-1 关系型数据库与 MongoDB 概念的对应关系

RDBMS 概念	MongoDB 概念
Database	Database
Table	Collection
Index	Index
Row	Document
Join	Document Embedding and Linking

12.1.2 自动分片

为了实现水平伸缩，MongoDB 支持自动的数据分片（auto-sharding）。MongoDB 支持以下多种分片策略。

（1）基于范围的分片（range-based sharding），即根据某个字段的值进行分片，这个字段称为分片字段（shard key）。这样，键值相邻的文档就会被存储在一起，利于查找键值在某个范围的文档列表。

（2）基于哈希值的分片（hash-based sharding），即计算键值的 MD5 哈希值，根据哈希值进行分片。这样，便于将文档均匀地分散存储，但不利于查找键值在某个范围的文档列表。

（3）基于位置的分片（location-aware sharding），即根据用户的配置，将某些键对应的数据存储在特定的分片上。

12.1.3 副本

对于每一个分片，MongoDB 都存储多份，称为一个副本集（replica set）。

在任一时刻，一个副本中只能有一个主副本（primary replica），其他的称为从副本（secondary replica）。写操作总是由主副本来处理，读操作默认由主副本来处理，但也可以配置成由从副本来处理。

主副本和各从副本之间有心跳同步。

当主副本不可用时（由于硬件故障、网络中断等），Raft 算法的一个变种会将一个从副本选作新的主副本。

主副本上的更新操作被记录在 Oplog（操作日志）中。Oplog 中是一系列有序的幂等操作。从副本根据 Oplog 来更新其上存储的数据。

12.1.4 索引

每一个文档都有一个 _id 字段，这个字段就是文档的主键。

MongoDB 为每个数据库①创建一个 _id 字段的索引，以防止 _id 的重复，这个索引称为主索引（primary index）。MongoDB 还允许创建额外的索引，称为辅助索引（secondary index）。辅助索引可以是单字段索引，也可以是多字段索引。MongoDB 索引的数据结构也是 B+树。

在查询时，查询优化器会智能地选择一个索引进行查询。

12.1.5 查询路由

数据的分片对客户端是透明的。来自客户端的查询会先发给一个查询路由器（query router），由它根据分片策略来转给一个或多个分片，然后将各分片返回的结果进行必要的聚合或排序，最后返回给客户端。

12.2 其他基于文档的 NoSQL 数据库

下面我们简要介绍其他几款著名的基于文档的 NoSQL 数据库。

12.2.1 CouchDB

CouchDB（Cluster Of Unreliable Commodity Hardware）是 Apache 旗下的一款基于文档的 NoSQL 数据库，用 Erlang 语言实现。

CouchDB 1.x 本质上是个单机版的数据库，必须借助第三方的分区工具（如 CouchDB Lounge）才能实现数据的分片。

2016 年 9 月发布的 CouchDB 2.0 引入了内置的分区工具，真正实现了类似于 MongoDB 的数据分片功能。

与 MongoDB 类似，CouchDB 也是以文档的方式来存储数据的。CouchDB 使用 MVCC（Multi-Version Concurrency Control）来解决冲突。读操作不需要阻塞，写操作有可能会失败。

CouchDB 的一大亮点是支持一整套 Rest 风格的 API，对数据库的 CRUD 操作全都通

---

① 在 MongoDB 的术语中，数据库称为 collection。

过 HTTP POST/GET/PUT/DELETE 请求来完成。这对移动应用（iOS/Android 应用）来说是非常友好的。

受亚马逊的 Dynamo 论文的启发，CouchDB 2.0 引入了对集群的内置支持。在创建数据库时，可以指定分片的个数和每个分片的副本数。

PouchDB 是一款受 CouchDB 启发，运行在 Browser 中的、使用 JavaScript 语言开发的基于文档的 NoSQL 数据库。PouchDB 与 CouchDB 有效地集成在一起。因此，在移动应用中，在离线时可以使用 PouchDB 暂时对数据的修改进行缓存，等在线时再同步到后台的 CouchDB 上。

CouchDB 的另一亮点是变更通知。客户端与 CouchDB 服务器可以维持一个 TCP 连接，当某个文档有新的变更时，CouchDB 服务器可以主动通知客户端，这就避免了客户端不断去轮询。

12.2.2　RethinkDB

RethinkDB 是一款支持实时变更通知的 NoSQL 数据库。

RethinkDB 自称是第一个开源的、可伸缩的、基于文档的、从底层开始构建的、为实时应用服务的数据库。RethinkDB 的最大亮点是变更通知，即与其他 NoSQL 数据库不同，应用程序不需要轮询，RethinkDB 会主动地将变更推送给应用。

RethinkDB 也是基于文档的 NoSQL 数据库，以 JSON 格式访问和存取数据，也支持单个文档存取的 ACID 属性。

RethinkDB 支持数据的分片和副本。每张表都必须有一个主键（若创建时未指定，RethinkDB 会自动创建一个 ID 字段），数据的分片是基于主键范围的。RethinkDB 自动计算主键的分割点，以使数据大致均匀地分布在多台主机上。每个分片都可以有多个副本。在多个副本中会选出一个主副本。默认所有的读写操作都会转发给主副本来处理，这样就保证了数据的一致性。如果主副本不可用，系统会选出新的主副本。

对分布式系统来说，由于网络分区不可避免，因此只能在一致性与可用性之间进行选择。RethinkDB 的选择是一致性，即牺牲可用性，选择一致性。当网络分区发生时，如果客户端所在的分区是包含多数 RethinkDB 主机的分区，那么数据依然可用；但如果客户端不幸处于只包含少数 RethinkDB 主机的分区中，则数据不可用。但是，RethinkDB 的读操作也支持非最新查询（out-of-date query）。如果客户端选择非最新查询，那么即便客户端不幸处于只包含少数主机的分区中，RethinkDB 也会返回某个副本上的数据。

12.3　基于文档的 NoSQL 数据库的应用

在电商系统中，一个订单经常会包含很多信息，例如有一个或多个商品、各种优惠信息、送货地址等。订单经常被作为一个整体访问，而且很少需要进行跨多个订单的操作，因此，非常适合存储在 MongoDB 这样的基于文档的 NoSQL 数据库中。

另外，论坛中的讨论主题也非常适合存储在基于文档的 NoSQL 数据库中。论坛中的一个主题经常包含很多条评论（评论内容、评论者、星级、评论时间等），而且很少需要进行跨多个主题的操作。

像这样的例子还有很多。

第 13 章

其他 NoSQL 数据库

我们的生活中有各种各样的网络，如 Facebook、领英这样的社交网络，以及出于相同的兴趣而建立起来的各种兴趣组等。这些网络可以使用传统的关系型数据库来表示，但缺点是随着网络中节点数和节点间连接数的增加，对网络节点的读写操作会变慢[1]。基于图的数据库就是为了解决这个问题。基于图的数据库都具有一种无索引邻接（index-free adjacency）属性，即图数据库的存储引擎保存了和每个节点相邻的所有节点的信息，因此，如果要查询该节点的相邻节点，就不需要使用全局索引，即所谓"Index-free"。所以，查询操作的时间复杂性只与要查询子图的大小成正比，而与整个图的大小无关。

属性图是一种常用的图数据模型，如图 13-1 所示。在这种模型中：

- 属性是一个键值对；
- 节点（vertex）可以有一个或多个属性；
- 边（edge）也可以有一个或多个属性。

下面是两个常用的概念。

- 原生图存储（native graph storage）：如果图数据库的存储引擎具有无索引邻接属性，就称其为原生图存储。
- 原生图处理（native graph processing）：如果图的处理算法依赖图数据库的无索引邻接属性，就称其为原生图处理。

还有一点是关于图数据库的水平扩展，与其他 3 种 NoSQL 数据库不同，图数据库的水平扩展是非常困难的，这是因为图数据库中存放的是节点之间的连接，把一个图分成两个完全没有关联的子图是很困难的。不过，像 Neo4j 这样的实现，还是提供了一些替代办

---

[1] 这是由于节点间的连接是通过关系来表示的，因此不能从一个节点直接找到和它有连接的节点，而必须通过表间的连接（join）进行。

法，如基于缓存的分片以缓解这个问题。

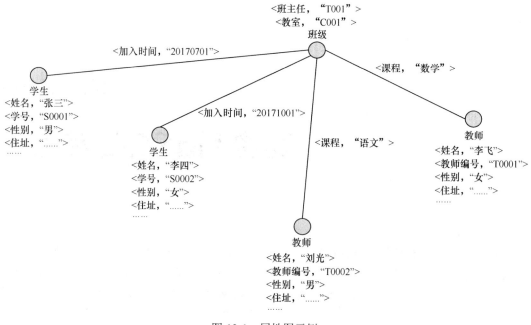

图 13-1　属性图示例

13.1　基于图的 NoSQL 数据库 Neo4j

Neo4j 是 Neo 科技公司开发的一款图数据库，有开源社区版，也有企业版。

13.1.1　数据模型

Neo4j 采用属性图数据模型和原生图存储引擎。任何写操作执行前都先写日志（write ahead log，WAL），也支持事务的 ACID 属性。

13.1.2　图的存储

图的内容存储在 Store 文件中。所有的节点信息存放在 neostore.nodestore.db 文件中，节点结构的大小是固定的，节点的 ID 就是其在该文件中的序号，因此，节点 ID 乘以节点结构的结果就是该节点信息在该文件中的偏移量。在节点结构中存放有该节点第一个连接的 ID 和第一个属性的 ID。

所有的连接信息存放在 neostore.relationshipstore.db 文件中，连接结构的大小也是固定的，连接的 ID 也就是其在该文件中的序号，因此，连接 ID 乘以连接结构的结果就是该连接信息在该文件中的偏移量。

属性信息存放下面几个文件中：

- neostore.propertystore.db；
- neostore.propertystore.db.index；
- neostore.propertystore.db.strings；
- neostore.propertystore.db.arrays。

因此，给定一个节点 ID，可以用 $O(1)$ 的时间找到其节点结构，从该节点结构里取出第一个连接的 ID，再用 $O(1)$ 的时间就可以找到其第一个连接结构，再顺着该连接结构中的双向链表，就可以找到其所有的连接。

因此，图的访问时间只与要访问子图的大小有关，而与图的总体大小无关。

13.1.3　高可用性

Neo4j 集群中的每个节点上都运行着两种软件，即 Neo4j 和集群管理软件。集群管理软件负责节点的加入、退出、主节点的选举等。

所有的写操作都必须由主节点完成，而且必须等集群中大多数节点都写成功后才算成功，如果主节点所在网络分区中的机器数较少，不够完成写操作需要的多数要求[①]，集群就退化为只读模式。而读操作则既可以由主节点完成，也可以由从节点完成。

13.1.4　水平扩展

如前所述，图数据库的水平扩展是非常困难的，但 Neo4j 支持一种替代办法，即对图节点进行分片，称为基于缓存的分片。例如，对节点 A 的所有读写操作都由集群中的节点 1 处理，对节点 B 的所有读写操作都由集群中的节点 2 处理。如此一来，即便节点 1 和节点 2 上会有些重复的数据（例如，节点 1 和节点 2 上都会缓存节点 A 和 B 之间的连接），也极大地扩展了 Neo4j 集群能够处理的图大小。

13.2　多数据模型 NoSQL 数据库 OrientDB

OrientDB 是 OrientDB 公司开发的一款多数据模型数据库（既是基于文档的，也是基

---

① 写操作需要在集群中的大多数节点上都成功执行后，才算成功。因此，若一个网络分区中的节点数太少，不够完成写操作需要的节点数，就无法执行写操作。

于图的），有开源社区版，也有企业版。

OrientDB 文档之间的连接是通过图的边来实现的，而不是像其他基于文档的 NoSQL 数据库那样通过文档嵌入实现的。从这个角度上看，OrientDB 更应该被归类为基于图的 NoSQL 数据库。

13.2.1　基本概念

先介绍类的概念。与面向对象中的类概念类似，类之间可以有继承关系，一个类可以有一个超类。

类与关系型数据库的表类似。OrientDB 可以是无模式的（schemaless）、全模式的（schema-full），也可以是混合模式的（schema-mixed）。既可以像关系型数据库那样给类添加一些固定的字段，也可以如基于文档的 NoSQL 数据库一样只给某条记录（而不是整个类）添加特定的字段。

接下来介绍集群。类是数据的逻辑容器，而集群则是数据的物理容器。一个集群中可以有多个节点（Server Node）。默认情况下，OrientDB 为每个类创建一个本地集群（从版本 2.2 开始，OrientDB 默认为类创建多个本地集群，集群的个数等于节点上的 CPU 核数）。

13.2.2　图的表示

与 Neo4j 类似，OrientDB 也采用属性图数据模型。但有一点不同的是，OrientDB 的图模型是建立在文档模型之上的。在 OrientDB 中有两个特殊的类，即 V（所有图节点的父类）和 E（所有边的父类）。

创建一个新图的步骤如下。

（1）创建 V 的一个子类，以存放所有的图节点。

（2）创建 E 的一个子类，以存放所有边。

（3）向新建的 V 的子类中插入新记录，以创建新的图节点。

（4）向新建的 E 的子类中插入新记录，以创建新的边。

13.2.3　节点与集群

一个节点可以属于多个集群，一个集群也可以有多个节点。例如，下面的 JSON 文件片段配置了 3 个集群（client_usa、client_europe 和 client_china），节点 usa 既属于集群 client_usa，也属于集群 client_china。

```
"client_usa": {
  "servers" : [ "usa", "europe" ]
},
"client_europe": {
  "servers" : [ "europe" ]
},
"client_china": {
  "servers" : [ "china", "usa", "europe" ]
}
```

一个节点加入集群中后，OrientDB 会自动为系统中存在的每个类在新节点上创建一个集群，名称为 *class_node*，而且该节点为这个集群的主节点。如果该节点宕机了，OrientDB 会将这个集群分配到其他节点上。当该节点恢复后，OrientDB 会重新将该节点设置为这个集群的主节点。换句话说，一个节点始终是以该节点为后缀的集群的主节点，这称为集群的局部性。

当插入新记录时，OrientDB 会首先选择当前节点所在的集群，例如，当在节点 usa 上向类 client 中添加一条新记录时，会首先选择集群 client_usa。

当查询一个类时，如果该类分布在多个集群上，OrientDB 会聚合分布在各个集群上的数据。

一个集群中的节点，有两种角色，即主节点和从节点，从节点不算在写配额（writeQuorum）里。假如某个集群中有 3 个主节点、10 个从节点，而且写配额被配置成"majority"，那么进行写操作时，只要 3 个主节点中有 2 个成功，写操作就可以返回了，不需要考虑从节点。从节点只是用来响应读操作的。

13.2.4　分片

可以将一个类分布在多个集群上。从版本 2.2 开始，OrientDB 默认为每个类创建多个本地集群，集群个数等于节点上的 CPU 核数。如果一个类被配置有多个集群，在这种情况下，OrientDB 就采用轮询（Round Robin）策略将新建的记录分配到多个本地集群中。

13.2.5　ACID 支持

与其他基于文档的 NoSQL 数据库类似，OrientDB 也仅支持单个文档（节点或边）变更操作的 ACID 属性；

对于单个文档（节点或边）的事务，如果集群中有多个主节点，那么 OrientDB 采用一种类似于两阶段提交的方式，即乐观的方式来处理，只有在提交阶段才会使用锁。如果有冲突，就采用乐观的 MVCC（Multi-Version Concurrency Control）方式来处理。

13.2.6　CAP 的权衡

当有新分区时，如果客户端所在的分区不满足写配额，则写操作会失败。因此，OrientDB 在可用性与一致性之间选择了一致性。

13.2.7　集群配置信息的管理

OrientDB 数据库、集群等的配置都保存在配置文件中，这些配置信息通过开源项目 Hazelcast 进行同步。

13.3　时间序列 NoSQL 数据库

除前面所述的 4 种 NoSQL 数据库之外，还有一种 NoSQL 数据库也值得一提，即时间序列数据库（Time Series Database，TSDB）。时间序列数据就是股票、日志、温度等数据，其特点如下：

- 数据点数量极大；
- 写数据量极大；
- 读数据量极大；
- 因为过期而需要删除的数据量很大；
- 绝大多数是插入和追加操作，更新操作很少。

由于时间序列数据的这些特点，用其他数据库存储都有不尽如人意的地方。因此，就产生了专门处理时间序列数据的 NoSQL 数据库，InfluxDB 即是其中之一。InfluxDB 有企业版，也有开源版，不过，目前的 InfluxDB 的开源版本只有单机版，不支持集群，而另一款开源的时间序列数据库 Crate 则支持集群。

第14章

NewSQL 数据库

传统的 RDBMS 有很强的 ACID 支持，但可扩展性不好。NoSQL 系统则相反，有很好的可扩展性，但大都以牺牲一致性为代价[①]。随着互联网技术的发展，人们希望鱼和熊掌兼得，即既有 ACID 的好处，又有很好的可扩展性，这样的数据库系统就是 NewSQL 系统——一种关系型数据库与 NoSQL 数据库技术的融合方案。

与运行在 RDBMS 上的应用所需支持的事务不同，运行在 NewSQL 系统上的事务一般都有下面的特点。

- 持续时间短。
- 只涉及很小一部分数据（通过主键的索引访问）。
- 很少进行全表扫描和 JOIN 操作。
- 反复执行简单的操作。

NewSQL 系统具有以下技术特点。

- SQL 作为与应用程序交互的主要方式。
- 支持事务的 ACID 属性。
- 使用非阻塞的并发锁（多为 MVCC 的变种），这样读者不会与写者竞争。
- 与传统的 RDBMS 相比，单节点的硬件配置要高出许多（大内存、SSD 的大量使用）。
- 水平扩展、无共享架构。

常用的 NewSQL 系统分类如下。

- 新架构系统（novel system）：重新设计的全新系统。
- 采用分片的中间件系统：本质上还是数据库访问的中间件，因为应用对数据库的访

---

① 大多数 NoSQL 数据库仅支持最终一致性，不支持强一致性。

问都通过中间件进行,中间件就有机会将数据分散到多个库中存储,并在查询时聚合来自多个库的结果。采用分片(sharding)的中间件系统(如 MariaDB MaxScale),大都是基于开源的 MySQL/MariaDB 代理技术,参见第 5 章。

- 数据库即服务(Database-as-a-Service,Daas)系统:这是由云提供商提供的仅在云里的应用才能享用的数据库服务,即所谓的关系型数据库服务(relational database service,RDS)。无论是采用新架构的 NewSQL 系统,还是采用分片的 NewSQL 系统,其配置和维护都是非常复杂和耗力的,因此就有了亚马逊的 Aurora 和 ClearDB 这样的基于云的数据库系统,即"数据库即服务"系统。DaaS 的使用方法与工作原理也与前两种 NewSQL 系统类似,只不过 DaaS 运行在托管的云环境中,由其服务提供者部署和运维,这样就极大地降低了用户的初期成本。

- 新的 MySQL 存储引擎:因为 MySQL 默认的 InnoDB 引擎近些年有很大的进步,这种类型的系统已淡出。

14.1 NewSQL 和 CAP 理论

通过前面的介绍,我们知道 NewSQL 系统既像传统的 RDBMS 一样能满足事务的 ACID 属性,又能如 NoSQL 一般有很好的水平扩展性。同时,因为不再有单点故障了,所以意味着 NewSQL 系统有很好的可用性。而我们熟知的 CAP 理论告诉我们,在网络分区不可避免的情况下(这是目前几乎所有的分布式系统的现状),一致性与可用性二者只能择其一。那么 NewSQL 系统是怎样做到既满足了一致性又满足了可用性的呢?是 NewSQL 系统在吹牛,还是 CAP 理论错了?

CAP 理论的提出者 Eric Brewer 在 2012 年有篇很著名的论文,对这个问题做了非常深入的探讨。

简单地说,CAP 理论并没有错,NewSQL 系统也没有吹牛。这是因为网络分区的情况很少发生,而且即便发生了,也不会持续太久。毫无疑问,在没有发生网络分区的情况下,完全可以既支持一致性,也支持可用性。当网络分区发生时,可以采用一些手段(例如,限制一些会导致产生一致性问题的操作,或者采用一些冲突解决机制),这样虽暂时牺牲了一些一致性,但满足了可用性,而在网络分区消失后再解决冲突以满足一致性。

换言之,NewSQL 系统之所以既支持一致性,又支持可用性,是因为当网络分区发生时,它要么禁止导致产生一致性问题的操作,要么允许这些操作,但提供网络恢复后的冲突解决手段。例如,当某些节点不可用时,谷歌的 Megastore/Spanner 采用 Paxos 协议来自动解决节点不可用期间产生的一致性问题;而阿里巴巴的 OceanBase 则在一个集群中只允许有一个更新服务器,相当于始终不允许不一致性问题的产生。

14.2　采用新架构的 NewSQL 系统

下面介绍几款著名的采用新架构的 NewSQL 系统。

14.2.1　谷歌的 Megastore

关于 Megastore 的设计，谷歌的 Megastore 论文有详细的介绍。下面仅简单地做一个介绍。

Megastore 的数据模型介于 RDBMS 与基于列的 NoSQL 之间，提供了与 SQL 类似的数据定义语言（注意，不是数据查询语言）。

Megastore 的存储架构如图 14-1 所示。

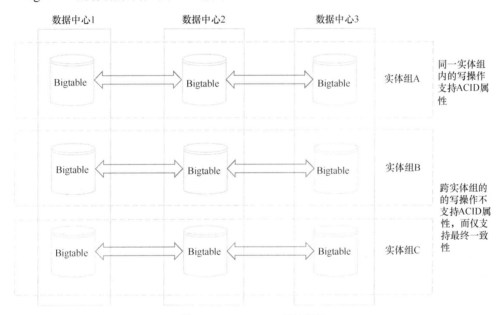

图 14-1　Megastore 存储架构

（1）数据被分片成多个实体组。每个实体组的多个副本可以分布在不同的数据中心。同一实体组内的写操作支持事物的 ACID 属性，跨实体组的写操作仅支持弱一致性（即最终一致性）。

（2）同一个实体组内的、分布在多个数据中心上的副本通过 Paxos 协议同步。但跨实体组的写操作通过异步消息进行，因而是最终一致的。

（3）在一个数据中心内，同一张 Megastore 表的数据存储在同一张 Bigtable 的表中，利用 Bigtable 对单行操作的 ACID 支持，来满足同一数据中心内的单行操作的 ACID 属性。

14.2.2 谷歌的 Spanner

Spanner 是 Megastore 的下一代产品。谷歌的 Spanner 论文亦对其做了详细的介绍。下面也仅简单地做一个介绍。

和 Bigtable 相比，Megastore 提供的半关系型数据模型、同一实体组内事务的 ACID 属性和跨实体组事务的最终一致性支持很有吸引力。但是，Megastore 写操作的吞吐率不高，而且缺乏一种类似 SQL 的查询语言，所以就有了 Spanner。

Spanner 的数据存储在称为 Spanserver 的节点上。

（1）每个 Spanserver 存储 100～1000 个 Spanner Tablet。Spanner Tablet 与 Bigtable Tablet 类似，都是一个大的哈希表。但与 Bigtable Tablet 不同的是，Spanner 给数据加上了时间戳。

（2）一个 Spanner Tablet 以类似于 B+树的形式存储在一组文件和一个预写日志（Write Ahead Log）文件中。这些文件存储在分布式文件系统 Colossus（GFS 的升级版本）中。

（3）每个 Spanner Tablet 都实现了一个 Paxos 状态机，状态机的元数据和日志都存储在与状态机对应的 Spanner Tablet 中。同一组哈希值的多个副本称为一个 Paxos Group。每一个 Paxos Group 都有一个领导者。

Spanner 最大的亮点是其提供的 TrueTime API。Spanner 利用该 API 实现分布式事务。

1. 为什么需要 TrueTime API

分布式系统中不同机器间的时间同步是个很大的问题。不同的分布式事务需要一个串行顺序，例如，有两个事务 T1 和 T2，如果 T2 的开始时间在 T1 的提交时间之后，那么 T2 就应该能看到 T1 所有的修改。如果 T1 和 T2 是在同一台机器上运行的，则很容易判断 T2 的开始时间是否在 T1 的提交时间之后，但如果 T1 和 T2 是在不同机器上运行的，由于不同机器的时钟很难做到完全一致，判断这一点就很困难。可是，Spanner 又需要支持分布式事务，那该怎么办呢？

TrueTime API 的目的就是要给多个分布式事务一个串行顺序，即 Spanner 保证：如果一个事务 T1 的提交时间早于另一个事务 T2 的开始时间，那么 T1 的提交时间必早于 T2 的提交时间。这一点，Spanner 称为事务的外部一致性。

2. Spanner 如何保证事务之间的外部一致性

Spanner 通过在每台机器上安装 GPS 或原子时钟，来确保不同机器之间的时间差不会超过一个 ε[①]（ε 的最大值为 7 ms）。

[①] 引自谷歌的 Spanner 论文 "In our production environment, ε is typically a sawtooth function of time, varying from about 1 to 7 ms over each poll interval. $\bar{\varepsilon}$ is therefore 4 ms most of the time"。

这样，当一个事务 T1 需要提交时，它必须要等待一个 ε 的时间后才提交。又因为其他机器与当前机器的时钟最多只相差一个 ε，所以，如果其他机器上的事务 T2 的开始时间在 T1 的提交时间之后，那么 T1 的提交时间必然在 T2 的开始时间之前。一个多么聪明而又简单的方法！

Spanner 保证事务之间的外部一致性的方法示例如图 14-2 所示。

图 14-2　Spanner 如何保证事务之间的外部一致性示例

3. TrueTime API

（1）外部一致性：如果事务 T1 的提交时间在事务 T2 的发起时间之前，则 T1 的时间戳应当在 T2 的时间戳之前。Spanner 支持读和写的外部一致性。

（2）为了支持外部一致性，Spanner 实现了一套 TrueTime API。类型 TTstamp 代表一个物理时间点，而 TTinterval 则由两个 TTstamp 值（即 earliest 和 latest）组成，表示[earliest, latest]这个闭区间所代表的一段时间。

（3）TrueTime API 的实现借助于一组配置有 GPS 接收器或原子时钟的机器。

（4）TrueTime API 主要包括表 14-1 所示的 3 个方法。

表 14-1　TrueTime API 的 3 个主要方法

方　　法	描　　述
TT.now()	返回一个 TTinterval 结构，即当前时间在 TTinterval.earliest 与 TTinterval.latest 之间
TT.after(t)	如果 t 早于当前时间，即可以肯定 t 时刻已经是过去时了，就返回 true
TT.before(t)	如果 t 晚于当前时间，即可以肯定 t 时刻尚未到来，就返回 true

14.2.3　谷歌的 F1

F1 是谷歌设计的用于支持其核心广告业务 AdWords 的分布式关系型数据库系统，其为世人所知是因为谷歌的另一篇论文"F1: A Distributed SQL Database That Scales"。

F1 建立在 Spanner 之上，又增加了一些新的功能。

- 分布式 SQL 查询支持，包括能够连接（JOIN）外部的数据源。
- 支持满足事务属性的次级索引（即非主键索引）。
- 异步的数据库模式变更，甚至是数据库的重组。
- 乐观锁支持。
- 自动的历史记录变更和发布。

关于 F1 的更多细节，请参考谷歌的论文。

14.2.4 阿里巴巴的 OceanBase

谷歌的 Megastore 和 Spanner 都采用了非常复杂的技术（分布式事务支持、TrueTime API 等），业界只能望其项背，但由于其不开源，业界无法直接使用。

阿里巴巴的 OceanBase 另辟蹊径，绕开了分布式事务支持、分布式版本控制、SQL 执行计划优化等技术难点，既在开发团队的技术能力之内，又能完全满足阿里巴巴的业务需要，实在是一个优秀的工程案例。关于 OceanBase 的架构，"OceanBase 0.4.2 描述"文档中有非常详细的介绍，下面仅述其要。

1. 为什么需要 OceanBase

OceanBase 最初是为了解决淘宝的收藏夹问题。在淘宝上，每个用户都有一个收藏夹，可以在里面收藏自己感兴趣的商品和店铺。淘宝数据库中的"收藏 item 表"存放所有可以收藏的商品和店铺信息，"收藏 info 表"存放用户的收藏信息。由于淘宝的用户数量和商品数量都很大，因此"收藏 item 表"有数百亿条收藏信息条目，"收藏 info 表"有数十亿条收藏的宝贝和店铺的详细信息，这就导致这两张表的连接（JOIN）操作非常耗时。例如，一个简单地按照用户收藏的商品价格排序的操作，就需要几十秒的时间，这显然是令人无法接受的。

对这个问题显而易见的解决方法是采用 NoSQL 数据库（如 Apache HBase），但 HBase 等仅支持单行事务，而淘宝的业务场景需要支持跨行事务。显然，这与谷歌的 Megastore/Spanner 要解决的问题是类似的。因此，可以借鉴谷歌的 Megastore/Spanner 的思路，即在 NoSQL 数据库加上对分布式事务的支持（可以采用两阶段提交、Paxos 等协议实现），但"Bigtable 的开源实现也不够成熟，单台服务器能够支持的数据量有限，单个请求的最大响应时间很难得到保证，机器故障等异常处理机制也有很多比较严重的问题。总体上看，这种做法涉及的工作量和难度超出了项目组的能力承受范围，因此，我们需要根据业务特点做一些定制。"

2．OceanBase 的设计思路

淘宝虽然数据访问量大，但近期的修改操作并不大，针对这一特点，OceanBase 的设计思路如下。

（1）OceanBase 将数据分为两部分，一部分是相对早些的数据（如一天前），另一部分是最近的更新数据。前者称为基准数据，后者称为增量数据。

（2）在每天的业务低谷时，将增量数据合并到基准数据中，形成新的基准数据。

（3）基准数据被分片存储到多台机器上。

（4）而增量数据的处理则只由一台机器完成。查询时将基准数据与增量数量合并，修改时只修改增量数据。

（5）如此一来，因为增量数据只由一台机器处理，所以绕开了分布式事务的难点（当然，还需要支持单机事务，但这要容易多了）。

这些就是 OceanBase 的基本设计思路。

3．OceanBase 架构

根据上面的思路，OceanBase 的架构如图 14-3 所示。

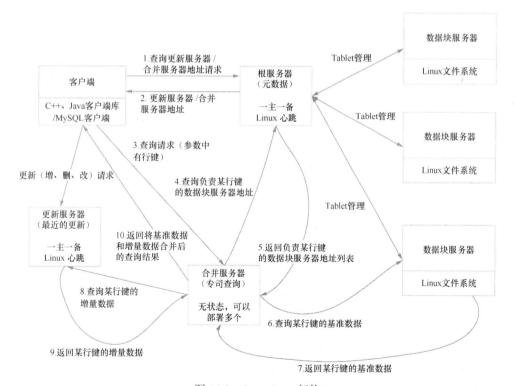

图 14-3　OceanBase 架构

与谷歌的 Bigtable 类似，OceanBase 的底层存储模型也是一个海量的哈希表，每行数据有一个行键，数据根据行键范围分片，每片称为一个 Tablet，存储在数据块服务器上。最新的变化存储在更新服务器上，并定期合并到数据块服务器上。

整个系统中共有 5 种角色。

（1）OceanBase 客户端（client）：OceanBase 提供了 Java 和 C++客户端库，使用 Java 和 C++客户端库可以使用 OceanBase 提供的所有 CRUD 功能。OceanBase 也支持 MySQL 客户端访问，这种访问方式的目的机器是某个合并服务器（merge server）的地址，因此只能进行查询操作。

（2）数据块服务器（chunk server）：数据块服务器上面存储的是基准数据，基准数据存储多份（一般为 3 份）。

（3）根服务器（root server）：根服务器维护系统中的元数据，根服务器主要负责管理和维护 OceanBase 集群的元数据信息，如 Tablet 的分布信息（即行键在数据块服务器上的分布情况）、更新服务器地址、数据块服务器列表、表的模式（schema）信息等。

根服务器还管理数据块服务器的状态。数据块服务器启动后自动向根服务器注册。根服务器维护一个和数据块服务器之间的租约，并定期更新，如果发现某个数据块服务器的租约没有及时更新，就认为它不可用。

当有新的数据块服务器节点加入集群或发现有数据块服务器不可用时，根服务器会发起 Tablet 的迁移。

（4）更新服务器（update server）：更新服务器处理来自客户端的所有更新（增、删、改）请求，数据更新后暂时保存在更新服务器上，并定期合并到数据块服务器上的基准数据中。

（5）合并服务器（merge server）：合并服务器处理来自客户端的查询请求。

4. 数据模型

采用关系模型，支持 SQL 92 的一个子集，要点如下。

- 没有数据库的概念，可以理解为一个 OceanBase 集群只有一个数据库。
- 因为 OceanBase 根据主键进行分片，所以表必须要有主键，而且 INSERT/UPDATE/DELETE 语句中必须包含主键。
- 支持大部分单表操作，也支持表间连接。
- 支持事务语句：START TRANSACTION、COMMIT、ROLLBACK。

5. 客户端变更请求的处理过程

如图 14-3 所示，客户端变更（增、删、改）请求的处理过程如下。

- 客户端库发请求给根服务器，查询更新服务器地址。
- 根服务器查询自己的元数据，返回更新服务器地址。

- 客户端库发变更请求给更新服务器。
- 收到变更请求后，更新服务器更新自己维护的内存中的 B+树，然后返回更新成功。

6. 客户端查询请求的处理过程

如图 14-3 所示，客户端查询请求的处理过程如下。
- 客户端库发请求给根服务器，查询合并服务器地址，请求中有欲查询的行键。
- 根服务器查询自己的元数据，返回处理相应行键的合并服务器地址。
- 客户端库发查询请求给合并服务器，请求中有欲查询的行键。
- 收到查询请求后，合并服务器向根服务器查询负责某行键的数据块服务器地址。
- 根服务器查询自己的元数据，返回处理相应行键的数据块服务器地址给合并服务器。
- 合并服务器向数据块服务器查询某行键的基准数据。
- 数据块服务器向合并服务器返回基准数据。
- 合并服务器向更新服务器查询某行键的增量数据。
- 更新服务器向合并服务器返回增量数据。
- 合并服务器将基准数据和增量数据进行合并，然后将查询结果返回给客户端库。

7. 增量数据到基准数据的合并

OceanBase 定期将更新服务器上的增量数据合并到各个数据块服务器中。其主要步骤如下。
- 更新服务器冻结当前内存中 B+树，即活跃内存表（Active MemTable），生成冻结内存表，并开启新的活跃内存表。后续的更新操作都写入新的活跃内存表。
- 更新服务器通知根服务器数据版本发生了变化。之后，根服务器通过心跳消息通知数据块服务器。
- 每台数据块服务器启动定期合并，从更新服务器获取每个 Tablet 对应的增量更新数据。

8. OceanBase 与谷歌的 Bigtable/Megastore/Spanner 的比较

本质上，OceanBase 也是个海量的哈希表，这一点与谷歌的 Bigtable 是相同的，不同的地方是 Bigtable 不支持跨行的事务，而 OceanBase 则支持。因此，OceanBase 可以看作是一个增强版的谷歌的 Bigtable，即支持跨行事务的 Bigtable。

谷歌的 Bigtable 建立在 GFS 之上，由于 GFS 的每个数据块已经保存了多份（默认为 3 份），因此 Bigtable 就没有必要再将数据保存多份了。而 OceanBase 是直接建立在 Linux 文件系统之上的，所以需要自己解决数据副本的问题，因此 OceanBase 就将其维护的数据在 OceanBase 的数据块服务器上保存多份。

Bigtable Tablet 的存储结构是 SSTable，SSTable 采用了 LSM 树这种数据结构。LSM 树分为内存中的部分和磁盘上的部分，内存中的部分称为 MemTable，存储最近的变化，而磁盘上的部分由一些列文件组成。OceanBase 的更新服务器上存储的增量数据类似于 MemTable，而 OceanBase 的数据块服务器上保存的基准数据则类似于 LSM 树的磁盘部分。

为了支持跨行事务，谷歌的 Megastore 采用了 Paxos 协议，谷歌的 Spanner 实现了依赖于硬件 GPS 和原子时钟的 TrueTime API。无论是 Paxos 协议还是 TrueTime API，在实现上都是有一定难度的，而 OceanBase 一开始需要解决的淘宝收藏夹问题似乎并不需要如此复杂的解决方案，因此，OceanBase 团队最终选择了由单个更新服务器来处理所有的变更操作，这样就避开了保持数据一致性的同步问题。

毫无疑问，OceanBase 是一个很好的工程范例，即在满足自己需要的前提下，选择一种自己技术能力范围内的方案。

14.2.5 其他采用新架构的 NewSQL 数据库

1. CockroachDB

CockroachDB 是 Cockroach Labs 公司基于谷歌的 Spanner 论文开发的开源 NewSQL 数据库。

CockroachDB 对外提供一个 SQL 接口，这个 SQL 接口支持表、列、索引等概念。当执行 SQL 语句的时候，根据涉及的数据，执行操作被分发给多个存储节点。存储节点采用 RocksDB 作为存储引擎。RocksDB 是一个类似于 LevelDB 的单机版键值对 NoSQL 数据库。

谷歌的 Spanner 论文提到：Spanner 的实现基于原子时钟和 GPS 支持的 TrueTime API。但 CockroachDB 是一个开源数据库，显然不能对硬件有过高的要求，因此，CockroachDB 通过实现一种软件的 API，来保证事务的外部一致性，感兴趣的读者可以参考其文档。

2. PingCAP 的 TiDB

TiDB 是 PingCAP 公司基于谷歌的 Spanner/F1 论文，用 Go 语言实现的开源分布式 NewSQL 数据库。

TiDB 的目标是为 OLTP（Online Transactional Processing）和 OLAP（Online Analytical Processing）场景提供一站式的解决方案。

TiDB 的架构和 CockroachDB 很类似，对外也提供 SQL 接口。TiDB 服务器接收客户端发送的 SQL 语句，并支持表、列、索引等概念，根据涉及的数据，将请求发送给存放数据的 TiKV 服务器。TiKV 服务器是数据的真正存储者，对外提供基于键值对的接口。TiDB 集群的元数据（如哪些数据存放在哪些 TiKV 服务器上等信息）存放在 PD 服务器（Placement Driver Server）上。

为了支持 OLAP，TiDB 集群中还有 TiSpark 节点，支持 Spark SQL，以满足 OLAP 事务的需要。

3.　VoltDB

与前面几款采用新架构的 NewSQL 系统不同，VoltDB 的设计另辟蹊径，它是一种内存型关系型数据库（in-memory RDBMS）。

传统的 RDBMS 基于 20 世纪 70 年代的计算机技术（以磁盘为外存、内存价格昂贵等），因此都具有以下特点。

（1）数据存储在磁盘上。

（2）B+树索引也存储在磁盘上。因为内存价格昂贵，而且索引本身又比较大，以 B+树的形式存储的索引能够减少查找时的磁盘读写次数。

（3）在内存中缓冲常用的 B+树索引节点和数据行。

（4）行式存储。因为一行中的各列数据经常被一起访问。

（5）数据库模式的设计遵从规范化的要求，以去除数据冗余。这样做的结果是经常需要进行表间的连接操作。

（6）多线程与无处不在的锁。因为 CPU 的处理速度远快于磁盘的读写速度，因此，为了充分利用 CPU 的处理能力，经常启动多个线程同时处理多个事务。但多线程会带来同步的问题，因此，为了满足各个事务的 ACID 属性，就不得不用各种各样的锁（表锁、行锁、字段锁、内存数据结构锁等）。

（7）日志。为了支持数据库系统的故障（数据库系统崩溃、掉电等）恢复，每个事务提交前，都需要先写日志。

对大多数 OLTP 应用来说，数据的增长速度远小于内存硬件的发展速度（摩尔定律）。因此，已经有可能将整个数据库全部加载到内存中。例如，Lenovo 的 ThinkPad T70 可以有 64 GB 的物理内存，可以将许多 OLTP 应用的数据放进内存。

也许有人会说，那为什么不能将整个数据库以 RAM 盘的形式映射到内存中呢？这样的话，不就不用修改现在的 RDBMS 了吗？是的，这样做的确能提高不少数据库的访问速度，但不能有质的飞跃，原因是传统的数据库系统的基于磁盘的设计。即使将整个数据库全部加载到内存中，访问数据库时依然要经过 B+树索引、各种锁、分块读数据等。

"OLTP Through the Looking Glass, and What We Found There"一文中提到了基于内存的 RDBMS 可以对传统的 RDBMS 做的架构改进和优化，如去除各种锁、去除缓冲区管理等。这篇文章作者的实验表明，去除了那些由于磁盘（on-disk）设计而需要的特性后，改进后的系统在性能上有 20 倍的提升。

读者或许会有疑问，如果数据都放在内存里，突然掉电了怎么办？数据岂不是都丢失了吗？其实，和传统的 RDBMS 的缓冲区管理方式类似，基于内存的 RDBMS 在每次修改数据前，也会先写日志，而且会定期地将数据刷新到磁盘上。此外，还可以配置多个副本，这样一旦一个副本掉电了，其他副本可以继续服务。

VoltDB 就是这样的一款基于内存的开源 RDBMS。VoltDB 既可以垂直扩展，也可以水平扩展。还可以根据主键的哈希值对表进行分片，每个分片还可以有多个副本。

4. Youtube Vitess

Vitess 是 Youtube 开源的、大型的、基于 MySQL 的 NewSQL 数据库解决方案。Vitess 架构如图 14-4 所示。

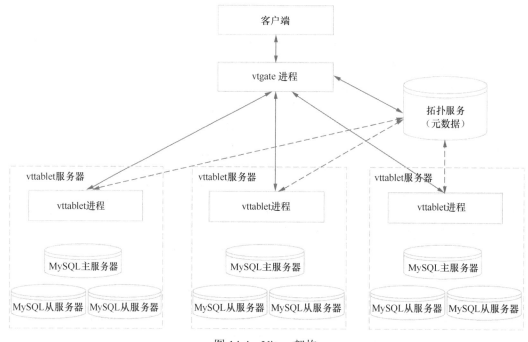

图 14-4　Vitess 架构

一个 Vitess 集群中有以下几种角色。

- 一个或多个 MySQL 主备集群。每个 MySQL 主备集群由一个 MySQL 主服务器和一个或多个 MySQL 从服务器组成。
- 每个 MySQL 主备集群都对应一个 vttablet 进程。该进程负责与此 MySQL 主备集群通信，执行与此 MySQL 主备集群上的数据相关的 SQL 语句。
- 拓扑服务。负责维护 Vitess 集群的元数据，例如某个数据库的各个分片都存储在哪些 MySQL 主备集群上。在 Vitess 中，每个分片都存储在一个单独的 MySQL 主备集群中。
- vtgate 进程。对外提供 MySQL 接口，Vitess 的客户端和它打交道，就如同和一个单独的 MySQL 实例打交道一样。vtgate 进程通过查询拓扑服务来得到数据的存放位置，然后进行 SQL 的拆分，并将各个子 SQL 分发给各个 vttable 进程，待各个 vttablet 进程返回结果后，再由 vtgate 进程将结果进行聚合、排序，最后返回给客户端。

第五部分

分布式系统的构建思想

在大量的分布式系统实践的基础上，业界从最初的迷茫、无奈与充满挫败感，到今天的自信、游刃有余和成就遍天下，走过了一条充满荆棘和挑战、充满失望与快感、冰与火交融的、崎岖不平的道路。

在这段岁月里，业界逐渐总结出了许多成功的分布式系统构建思想。这些思想，在大量的大型分布式系统中得到广泛应用，有着坚实的实践基础，是在血与火的实践中总结出来的业界智慧的结晶。

学习并理解这些思想，可以使后来者避免重蹈前人的覆辙，使后来者站在巨人的肩上！

第 15 章

云化

构建一个大的分布式集群，需要很高的硬件投入，非一般小部门、小公司所能承受。于是，各大公司纷纷构建整个公司内共享的私有云。有了很大的私有云的大公司们（如亚马逊、阿里巴巴）渐渐发现，自己的这些私有云除了自己用，还可以分享出来给其他公司用，既能赚钱，又能分担自己的成本，何乐而不为呢？于是，就有了所谓的公有云（如 AWS、阿里云）。

15.1　云化的技术基础

云化的技术基础是资源的虚拟化，如主机的虚拟化、网络的虚拟化、存储的虚拟化等。

主机的虚拟化技术有两种，即虚拟机（Virtual Machine，VM）技术和容器（container）技术。

15.1.1　虚拟机技术

虚拟机技术借助于硬件的支持（如 Intel 的 VT-x 技术），使得一台物理机上可以运行多台虚拟机，而且这些虚拟机上还可以运行不同的操作系统（如各种版本的 Windows、Linux 等）。更为重要的是，这些虚拟机可以被动态地创建和销毁。这样，机器就被池化了，需要时，可以动态地创建新的虚拟机来增加资源，不需要时，就将其动态地销毁。

如图 15-1 所示，今天的虚拟机技术需要硬件的支持，例如，Intel 的 VT-x 技术（AMD 也有类似的技术，与 Intel 只有细微的差别）。下面我们以 Intel CPU 为例，看一下虚拟机技术的工作原理。

图 15-1　虚拟机工作原理

　　我们先看一个概念，就是 VMM（Virtual Machine Monitor），它类似于传统的操作系统，通过一些特权指令对虚拟机进行管理。

　　为了支持虚拟机，Intel 的 VT-x 技术提供了一些新的专用于虚拟机管理的 CPU 指令，下面是其中的一部分。

- VMXON：成为 VMM。
- VMXOFF：退出 VMM。
- VMLAUNCH：启动一台虚拟机。
- VM-EXIT：从虚拟机中暂时回到 VMM。
- VMOFF：结束虚拟机。
- VMRESUME：暂停当前虚拟机运行，回到 VMM 中。

　　执行 VMXON 指令后，CPU 就进入 VMM 状态。然后，可以通过 VMLAUNCH 指令启动一台虚拟机，通过 VMRESUME 暂停一台虚拟机的运行。正在运行的虚拟机通过 VM-EXIT 指令结束。

　　由 VMM 管理的虚拟机，在执行一些特权指令（如 MOV CR0, XXX）时，会陷入 VMM 中，由 VMM 代为处理。

　　为了加快虚拟机的内存访问速度，今天的 Intel CPU 还支持一种 EPT（Extended Page Tables）技术。当虚拟机访问内存时，虚拟机操作系统在完成虚拟地址到"物理地址"的转换后，得到的"物理地址"还不是真正的物理地址，需要通过 VMM 维护的另外一套 EPT，再由 VMM 进行一次转换后才能得到真正的物理地址。

　　在硬件的支持下，今天的虚拟机与最初纯软件的实现相比，在性能上已经有了质的飞跃。

15.1.2 容器技术

因为每台虚拟机里面都需要安装一个完整的操作系统，如果一台物理机器上的虚拟机中都运行同一版本的操作系统，就会造成极大的存储空间浪费。另外，启动一台虚拟机，就意味着要启动一个完整的操作系统，因此，虚拟机的启动也非常耗时。

于是，容器技术应运而生。在 Linux 平台上，容器技术依赖于 Linux 平台上特有的一些功能（namespace[①]、control group[②]）。在一台 Linux 主机上可以隔离出多个独立的容器，不同容器内的进程互不干扰。因为所有容器内的进程都共享同一份主机操作系统，与虚拟机相比，就节省了许多磁盘空间。另外，启动一个容器，本质上只是启动几个进程并做些配置，和启动一个虚拟机相比，速度要快很多。

从 Windows Server 2016 开始，Windows 也提供了与 Linux 类似的容器技术。与 Linux 类似，同一个操作系统上的所有容器共享一个操作系统内核，但有自己独立的进程表、IP 地址表、注册表等资源。与 Linux 不同的是，Windows 支持两种容器，即 Windows Server 容器和 Hyper-V 容器。

- Windows Server 容器：与 Linux 容器类似，直接运行在宿主机操作系统上。和 Hyper-V 容器相比，优点是速度快，缺点是受宿主机操作系统变动的影响。例如，宿主机操作系统安装了新的补丁，所有的容器都会受到影响。
- Hyper-V 容器：这种容器是 Windows 的特有功能，它运行在 Hyper-V 虚拟机中。因此，与 Windows Server 容器相比，缺点是速度慢，优点是不受宿主机操作系统变动的影响。

如果只有操作系统的容器支持，用户使用起来还是很不方便，而开源软件 Docker 填补了这个空白。Docker 不仅提供了一些命令行工具以创建、删除、管理容器，还提供了一个镜像仓库（image registry）。用户还可以创建自己的私有镜像仓库。

15.2 公有云能提供什么

公有云本质上提供的是计算能力和存储能力，但为了简化应用的开发，公有云还提供其他一些公共的服务。

对于公有云提供的服务分类，传统的方法分为基础设施即服务（Infrastructure as a Service，IaaS）、平台即服务（Platform as a Service，PasS）和软件即服务（Software as a Service，SaaS）3 种类型。

---

① 借助于 Linux namespace 特性，同一容器内的进程可以拥有独立的进程树、网络接口、IP 地址等。

② 借助于 control group 特性，可以限制一个容器内的进程能够使用的系统资源数量（CPU 时间、内存数量等）。

IaaS 是指像虚拟机、存储、网络这样的基础设施服务，如亚马逊的 AWS 提供的 EC2 服务。PaaS 是指云提供商提供的云应用开发平台，以使云用户能够快速、高效地开发云应用，如谷歌的 AppEngine 服务。SaaS 是指云厂商提供的软件服务，如亚马逊的 AWS 提供的关系型数据库服务 RDS。

不过，如果站在分布式系统的设计者角度来看，还可以按云提供的能力（或服务）进行分类，即：

- 计算能力，如 IaaS 提供的虚拟主机服务；
- 存储能力，如 IaaS 提供的存储服务；
- 各种应用服务，如 PaaS 和 SaaS 提供的消息通信、数据分析、数据加密等服务。

1. AWS

AWS（Amazon Web Service）是全球排名第一的公有云提供商，其提供的云服务种类繁多。表 15-1 是一个简单的介绍，具体请参见其官网。

表 15-1　AWS 提供的云服务种类

提供的能力	具体介绍
计算能力	- 云中虚拟服务器 EC2（Elastic Computer Cloud） - 支持自动增加（减少）EC2 服务器数量，当 CPU 利用率高时自动增加服务器数量，而当 CPU 利用率低时自动减少服务器数量 - 弹性容器服务（Elastic Container Service）：可以在 EC2 服务器上启动 Docker 容器。AWS 还有自己的容器注册表（Elastic Container Registry）
存储能力（文件系统或卷）	- 对象存储 S3（Simple Storage Service） - 弹性文件系统（Elastic File System） - 持久性块存储卷（Elastic Block Store） - 低成本归档存储 Glacier
存储能力（数据库）	- NewSQL 系统 Aurora - 关系型数据库服务 RDS（支持 Amazon Aurora、PostgreSQL、MySQL、MariaDB、Oracle 和 Microsoft SQL Server） - 键值型 NoSQL 数据库 Dynamo - ElastiCache：与 Redis 和 Memcached 兼容的内存数据存储和缓存 - 数据仓库 Redshift - 图形数据库 Neptune
各种应用服务	- 分析：Hadoop 批处理系统、Kinesis 流处理系统、搜索、数据查询等 - 网络：CDN 服务、域名服务、负载均衡等 - 移动应用支持

续表

提供的能力	具 体 介 绍
各种应用服务	<ul><li>开发人员工具：配置管理、代码调试、代码测试、部署、代码分析等</li><li>管理工具：云资源监控、云资源自动扩展和收缩、性能管理等</li><li>物联网支持</li><li>安全性和企业级应用：用户身份管理、权限管理、证书管理、威胁检测、应用程序安全性分析等</li><li>其他服务</li></ul>

2. 阿里云

阿里云是国内排名第一的公有云提供商，其提供的许多云服务都和 AWS 类似，就不一一列举了，具体也请参见其官网。

15.3　云化对软件架构的要求

云化就是利用云的计算服务、存储服务等，来满足分布式系统的资源需求。

为了利用云服务实现这一点，分布式系统也需要具备一定的特点，具体地说，主要是下面几个特点。

- 微服务架构，即将软件拆分成独立的、小的、松耦合的微服务。这样，每个微服务可以独立部署、独立维护、独立伸缩而互不影响。
- 水平伸缩，即水平而不是垂直伸缩。软件架构上要支持能够通过扩充硬件数量来提升整个系统的处理能力。为了能够水平伸缩，就要避免单点故障，就要尽可能地异步化。
- 虚拟化/容器化/自动化部署：为了能够自动伸缩，部署过程必须自动化。例如，在双十一这样的大型促销活动中，系统能够根据业务量的增加而自动创建新的虚拟机（容器），并自动在上面部署和配置应用，以实现自动水平扩展。反过来，当促销结束后，还能够自动释放虚拟机（容器）资源，以实现自动收缩。
- 分布式服务管理和监控：对于完全自动化的环境，系统的管理和监控也必须自动化。可以随时查看整个系统中任意节点（容器）的运行情况，可以随时了解整个系统的负载情况，也可以随时发现系统的瓶颈之所在。当有问题发生时，自动发送邮件、短信等各种通知。

通过上面的特点我们可以看出，其实云化和分布式系统对软件架构的要求是完全一致的，唯一不同的是，在云环境里，对分布式系统来说，好的架构设计是必需的，而不是可选的。一个不能够水平伸缩的系统，即便部署在云里，实际上也没有得到云能够提供的最大的好处（即资源的弹性伸缩）。

第16章

分布式系统的构建思想

不同的分布式系统，其具体的需求肯定是不同的，如 GFS（Google File System）主要是为了存储大的（100 MB 以上）搜索索引文件，而 TFS（Taobao File System）则主要是为了存储小的图像文件；再如，阿里巴巴的 Dubbo 主要是满足服务治理（即将不同服务之间的依赖透明化、便于服务管理和负载均衡等）的需要，而 Facebook 的 Thrift 则主要是为了解决不同语言（C/C++、Python、PHP 等）实现的服务之间的通信与依赖问题。尽管如此，大多数分布式系统之间还是有着许多共性，毕竟，它们都运行在相似的分布式环境里。

分布式系统在需求上有很多共性。首先，分布式系统要具有很好的可伸缩性，即当负载线性增加时，可以通过线性地增加资源数量来满足业务需要。而且，不仅能满足目前的业务需求，也能满足 10 倍以内的业务增长需求。其次，分布式系统要有很好的可用性，即容错性、优雅的服务降级和从错误中恢复。再次，分布式系统用户能够感知到的时间延迟和数据延迟要低。此外，分布式系统还要有很好的可管理性，即简单易用、有良好的可维护性和可诊断性。最后，分布式系统的总体成本要低，这不仅包括开发成本和系统复杂度，也包括运维成本。

在设计一个分布式系统时，要想满足上面所有的这些需求，是很困难的。经过多年的实践，业界已经总结了许多分布式系统设计的经验和教训。本章试图对这些经验和教训做一个总结，以供大家参考。

16.1 一切都可能失败与冗余的思想

在一个分布式系统中，每个组件都有可能失败，包括数据库。

在大的分布式系统中，存在着各种各样的故障，这些故障都会降低系统的可用性。

- 在谷歌和其他公司的实践中，人们发现，当机器数量很大时（如上千台主机），像硬盘、主机这样的硬件发生故障的情况就不再是小概率事件,而是经常发生的事情。

- 除了硬件故障,更为常见的是软件缺陷,有的软件缺陷会导致系统重启,如操作系统打补丁升级时的重启。
- 此外,还有各种系统升级及维护工作,也会导致系统重启或者一段时间内不可用。

但是,互联网应用的本质是随时随地可用,因此,冗余与副本就成了必需的,而不是可选的东西了。

因此,各种分布式存储系统都会将数据存储多份,如 HDFS 的默认副本数目是 3,这就是数据的冗余。为了维护多个副本的一致性,就有了 Paxos、Raft、2PC 这样的分布式一致性协议,以及 ZooKeeper 这样的 Paxos 协议实现。

软件和硬件的冗余,可以通过将一个服务部署多个来实现,这就是服务的冗余。有了多个服务,也就有了阿里巴巴的 Dubbo 这样的分布式服务治理框架,以实现服务的负载均衡及冗余。

通过冗余,可以极大地提高系统的可用性。就拿 HDFS 存储的多个数据副本来说,如果存放两份数据,假设其中一份损坏的概率为 1%(可用性为 99%),那么两份都坏的概率是 $1\% \times 1\% = 1\permil$(可用性为 99.99%)。换句话说,通过采用一倍冗余的存储空间,我们就将数据可用性从两个 9 提高到了 4 个 9。

因此任何组件都需要有冗余,而且是能够进行快速切换的冗余。

16.1.1 如何避免单点故障

冗余是避免单点故障的一种做法,但如何在多个节点间进行同步与切换呢?主要有下面两种方法。

(1)采用主从方法(master slave mode):如谷歌的分布式系统,均采用主从方案。我们看看谷歌的 GFS 的具体做法。在 GFS 中,主服务器上保存了整个系统的元数据,而且客户端访问 GFS 的第一步也是和主服务器取得联系,因此,主服务器是非常重要的,其有两个,即一主一从[①]。主服务器上的日志和检查点(checkpoint)被复制到多台机器上。如果主服务器宕机,一个监控进程会重启一个新的主服务器进程。在新的主服务器进程启动之前,由从主服务器提供只读服务。

这种方案的优点是实现上相对简单,缺点是如果从服务器也宕机了,系统就不可用了,因此还是不够健壮。

(2)采用复杂的一致性协议(Paxos、Raft 等):Hadoop HDFS 是谷歌的 GFS 的开源实现,因此其架构也与 GFS 类似。HDFS 中的名称节点对应于 GFS 中的数据块服务器,上面也保存了整个系统的元数据信息。

---

① 从主服务器称为影子主服务器(shadow master server)。

Hadoop HDFS 2.x 解决名称节点单点故障的方案是设置两个名称节点，其中一个是活动名称节点，另一个为待机名称节点。当处于活动的名称节点发生故障时，待机名称节点就处理所有的客户端请求，而活动名称节点与待机名称节点间的管理与切换通过 ZooKeeper 实现（采用的一致性协议为 ZAB 协议）。

这种方案的优点是实现上相对复杂，但优点是可以在一个 Paxos/Raft/ZooKeeper 集群中放入多个节点，任何一个节点故障时，其他节点都可以承担其工作。与主从方法中的双节点集群相比，显然多节点集群的健壮性更高。

16.1.2　避免单点故障的具体做法

对于具体的系统，下面是一些常见的应对措施。

（1）对于文件系统故障，可以采用有多副本支持的分布式文件系统，如 HDFS。

（2）对于数据库故障，可以采用的应对措施有以下两个。

- 利用数据库本身的复制机制，实现主从复制，如 MySQL 就支持基于 binlog 的主从同步。
- 利用数据库中间件，在中间层实现主从切换，如阿里巴巴开源的中间件 Cobar。

（3）对于后台服务故障，可以采用的应对措施有以下两个。

- 在多个节点上，同时部署多个同样的服务，同时，利用一些分布式锁和目录服务，如 ZooKeeper，将所有这些节点上的服务地址信息存储在 ZooKeeper 里。客户端通过查询 ZooKeeper 得到提供该服务的所有节点列表，在客户端实现服务节点切换。
- 使用分布式服务调用框架，如 Dubbo，这些框架内部大都已经支持多个节点的动态切换。

16.2　水平而不是垂直扩展的思想

计算机系统有两种扩展的方式：一种是垂直扩展，即对现有的系统进行硬件升级，如增加内存、增加存储容量或网络带宽等；另一种是水平扩展，即通过增加机器数量来进行扩展。很显然，垂直扩展对现有系统的冲击很小，几乎不需要对现有系统进行修改或仅需很少量的修改即可。而水平扩展则不然，要么需要大幅修改现有系统的架构，要么推翻现有系统重新进行设计，因此，其代价及工作量远远超过了前者。当然，后者的收益也远非前者所能比。

单机的性能是有极限的，而且，越高端的硬件，其价格越昂贵。之所以昂贵，原因很简单，就是用户量太少。普通硬件设备之所以便宜，不就是用户量巨大而摊薄了成本吗？

在这一点上，淘宝有深刻的体会。据《淘宝技术这十年》一书介绍，淘宝的数据库一度使用了当时最高端的单机系统（Oracle 数据库+IBM 小型机+EMC 存储），但还是扛不住流量的激增。可以说，淘宝系统的垂直扩展已经走到了极限。万般无奈之下，淘宝只好重新设计其系统架构，走水平扩展的道路，于是就有了分库分表、服务化、异步化，也催生了淘宝内部的"去 IOE 运动"（即去除 IBM 的小型机、Oracle 数据库和 EMC 存储）。

淘宝的故事想必在其他各大互联网公司也都发生过，这也是为什么各大公司开源出来的分布式系统在这一点上（即水平扩展而非垂直扩展）如此一致的原因。毕竟，大家能够使用的硬件基本上是一样的，为了解决大数据量、高并发的问题，在一定的预算内，除了水平扩展，还能有别的办法吗？

16.2.1 数据的水平扩展

对于数据，水平扩展的方法主要是数据分片或分区[①]，分片的方法有下面几种。

1. 按照某个字段值的范围分片

根据某个字段（一般为主键），按照其值的范围进行分片。例如，ID 值在 1～1000 的数据存储在节点 1 上，ID 值在 1001～2000 的数据存储在节点 2 上等。

这种方式的优点是能高效地支持查找值在某个范围内的记录，例如，要查询 ID 值在 500～1000 的所有数据，只需要在节点 1 上查找即可。

这种方式有以下两个缺点。

（1）当有新节点加入集群或有节点退出集群时，需要重新划分数据分片范围，并引起大规模的数据迁移。

（2）需要在某个地方存储数据分片的方式，即哪个节点上存储什么范围的数据，而如何解决存储这些元数据节点的单点故障又会引入新的复杂性。

2. 按照某个字段的哈希值进行分片

根据某个字段（一般为主键 key），设计一个哈希函数 H，根据 $H(key)\%N$[②]的结果进行分片。

这种方式的优点是不需要存储数据的分片方式。

这种方式有以下两个缺点。

（1）不能高效地支持查找值在某个范围内的数据这样的操作。

（2）当集群节点数变化时，也需要大量的数据迁移。

---

① 对数据来说，分片（sharding）或分区（partition）的含义基本是一样的，此处不加区分。
② N 为存储数据的机器的数量。

3. 采用一致性哈希算法进行分片

一致性哈希方式最主要的优点是当集群节点数变化时,不需要进行数据迁移。这种方式的缺点是实现起来比较复杂。

第一个采用一致性哈希算法进行数据分片的分布式存储系统是亚马逊的 Dynamo。

16.2.2　服务的水平扩展

对于服务,水平扩展的方式主要有下面两种。

1. ZooKeeper+客户端负载均衡

使用一个 ZooKeeper 这样的分布式目录服务,将提供同样服务的多个节点信息存储在 ZooKeeper 的某个目录下。然后,再实现一个客户端库,在该库中按照某种策略实现负载均衡。

此外,当某个提供服务的节点退出或者有新节点加入时,ZooKeeper 可以向客户端库推送节点变化通知。

领英开源的分布式 REST 服务框架 Rest.li 就属于这一类。

2. ZooKeeper+服务注册查询服务

在上述的“ZooKeeper+客户端负载均衡”方式的基础上再进一步,提供一个定制的服务注册查询服务,该服务内部则采用 ZooKeeper 这样的分布式注册服务保存提供同一服务的多个节点信息。

客户端查询该服务(即服务注册查询服务)获取提供某一服务的服务者列表,这样可以实现客户端负载均衡,或者该服务根据自己的策略仅返回某一个服务,这样就实现了服务器端负载均衡。

当某个提供服务的节点退出或者有新节点加入时,该服务也可以向客户端推送变化通知。

阿里巴巴开源的分布式服务框架 Dubbo 采用的就是这种方式。

16.2.3　数据中心的水平扩展

还有一种更加高级的水平扩展方式是跨数据中心的水平扩展,这种扩展主要有以下两种模式。

1. 异地主从模式

这种模式相对简单些，一般是一主一从或者一主多从。

主站支持读写操作，从站仅支持读操作。主从站之间的同步以异步方式进行，所以，从站数据与主站数据间有一定的延迟。

跨数据中心的主从站间的数据同步，很少采用一致性协议（Paxos、2PC 等）实现，而是容忍一定的延迟，仅保证最终一致性。

2. 异地双活或者多活模式

在异地双活（active active）或者多活模式下，每个数据中心都支持读写操作。这种模式的优点是系统的负载更加均衡，但缺点是实现难度大。

这种模式的实现思路主要是按照数据的某种属性分组，例如，按照用户所属地域分组，写操作由就近的数据中心处理。不同数据中心数据间的同步也以异步方式进行。

16.3 尽可能简单的思想

其实，尽可能简单的思想不仅适用于分布式系统的设计，也适用于人类设计的任何系统。

具体到分布式系统设计，有以下几点需要注意。

（1）系统中的组件数量要尽可能少。引入一个额外的组件，就引入了一个出错的可能。

（2）尽量不要使用复杂的商业系统，能用简单的办法就用简单的办法。复杂的商业系统不但极其昂贵，而且一旦出错，只能依赖厂商来解决，费时费力又不可控。

（3）不同服务之间的依赖要尽可能少，每个服务都按照微服务的理念运作，服务应该是自治的，有自己的数据和自己的处理，对外提供简单清晰的 API。而且要自己部署，自己运营，有独立的团队。这样，每个服务的功能都足够简单，因此，其内部实现也一定不会太复杂，维护起来也会比较容易。此外，由于其功能简单，必要时，完全可以重写一遍。

（4）系统总体架构要简单，层次井然，各组件要职责清晰。开发及维护过程中，要始终遵循总的架构，不要图一时方便而破坏最初的架构。如果今天在模块 A 与模块 B 之间开个小门，明天给模块 C 加个本该由模块 D 来实现的 API，时间一久，整个系统的架构就会变得面目全非而难以维护了。

（5）不要一开始就引入复杂的数据结构、算法、设计等，先用简单的设计构造出一个能用的系统，然后逐渐演化，仅优化或重写那些性能攸关的组件，尽量用简单的设计解决问题。

从简单的架构开始，逐渐演化，必要时推倒重来并重新设计架构，也是许多大的公司走过的路。这里面有很多原因：时间、成本、技术能力等。

16.4 实用主义的思想

在分布式系统的设计中，到处都充斥着实用主义的思想，个中原因其实也很简单，大的互联网公司都经历过飞速发展的阶段，尽快上线、实用为王也是不得已的选择。正所谓黑猫、白猫，能逮着耗子就是好猫。

下面是一些实用的例子。

16.4.1 搜索引擎作为查询工具使用

大家都知道，搜索引擎（如 Apache Lucene、Apache Solr 等）是用来做全文索引的，常被用来实现网站内的全文搜索功能，但是大型的网站（如京东、淘宝的网站等）经常利用搜索引擎来实现其查询功能，例如，图 16-1 所示的京东图书搜索网页，当你选择一些查询条件后，京东会根据你的选择，用相应的关键字去调用搜索后台进行查询。

图 16-1 京东图书搜索网页

16.4.2 阿里巴巴的 OceanBase 的架构

本书第 14 章曾经提到，作为 NewSQL 数据库，为了支持跨行事务，谷歌的 Megastore 采用了 Paxos 协议，谷歌的 Spanner 实现了依赖于硬件 GPS 和原子时钟的 TrueTime API。但无论是 Paxos 协议，还是 TrueTime API，实现上都是有一定难度的，而阿里巴巴的 OceanBase 一开始需要解决的淘宝收藏夹问题似乎并不需要如此复杂的解决方案，因此，OceanBase 团队最终选择了由单个更新服务器来处理所有的变更操作，这样就避开了保持数据一致性的同步问题。

这又是一个极佳的工程范例，不追求高大上的技术，而是实用为王。

16.4.3　根据需要选择最适合的开发工具和开发语言

微服务设计有一个原则是根据各个服务的需要选择最适合的开发工具、开发语言。

著名的 RPC 服务框架（gRPC、Thrift 等）都支持多种编程语言，这样，不同的团队可以根据自己的情况选择最适合自己的编程语言。

16.4.4　根据需要选择不同的存储系统

微服务开发还有一个原则是根据业务的需要选择不同的存储系统，无论是 RDBMS 还是某种类型的 NoSQL 数据库。

在选择存储系统时，各个服务、各个团队也不必拘泥于一种存储系统。如果数据没有固定的格式，可以选择 HDFS 这样的文件系统；如果需要很强的 ACID 属性支持，而且数据量又在单个 RDBMS 能够支持的范围内，则可以选择关系型数据库；如果数据有一定格式，但列的数量众多且不固定，则可以选择基于列的 NoSQL 系统（Apache HBase、Apache Cassandra 等）；如果是像电商的用户订单这样的复合数据，则可以选择基于文档的 NoSQL 系统（Apache MongoDB、Apache CouchDB 等）；如果没有合适的开源存储系统，有实力的互联网公司还会自行开发新的系统，如淘宝的 TFS（一种专门支持数量巨大的小文件的分布式文件系统，用于存储淘宝上的商品缩略图等）、Haystack（Facebook 开发的专门存储图片的存储系统）等。

16.5　异步化以解耦并削平峰值

大型互联网应用的后台系统是非常复杂的，在处理一个用户请求的过程中，经常需要调用多个其他的服务。例如，在电商网站上提交订单后，需要进行订单拆分，给相关的库房发出库请求，或者给供应商的系统发送出货请求，给后台统计系统发送订单信息等。这么多的服务调用，如果都同步进行，则不仅处理时间长，而且会长时间占用资源（缓冲区、内存、线程等）。时间一久，会导致系统吞吐率下降，并最终导致系统不可用。因此，服务调用就需要尽可能异步进行，这样，（1）调用者不必同步等待被调用者的结束，而是在等待的同时可以先进行一些别的处理，或者先返回给用户一个"请求正在处理，请耐心等待"这样的提示；（2）对于秒杀或者其他大型促销活动，异步进行的调用可以被保存到一个消息队列中，以削平系统负载的峰值，进而保护系统，使之不被突然迸发的流量冲倒。

异步化需要消息中间件的支持。消息中间件需要能很好地处理高并发、大数据量的场景，领英开源的 Kafka 就是这样的一款优秀产品，淘宝开源的 RocketMQ 也很不错。

16.6 最终一致性的思想

采用最终一致性，而不是强一致性（即 ACID 属性），这是由于分区、分片、多份副本之间的同步问题导致的。CAP 理论告诉我们：由于分布式系统中网络分区的不可避免，只能选择 CP 或 AP 的系统。又由于互联网应用可用性的重要性，大多数情况下，我们会选择 AP 而不是 CP。也就是说，放弃一致性，选择可用性，是大多数互联网应用的选择。

例如，一个全球航班预订系统，允许世界各地的用户预订任何航班，因为单机数据库无法满足存储的需要，不得不将数据分片。假如，采用航班的归属地进行分片，例如，所有中国航空公司的数据存储在北京的服务器上，所有美国航空公司的数据存储在纽约的服务器上，所有欧洲航空公司的数据存储在巴黎的服务器上。那么，如果一个中国用户 UserChina 和一个美国用户 UserUSA 同时预订某个中国航空公司的航班 C 时，可以将其都发送给北京的服务器。然而，如果中美之间的网络出现了故障，怎么办呢？

当然，最简单的做法是关闭该航班预订系统，也就是牺牲可用性 A，而选择一致性 C。因为会影响业务，所以大多数系统实际上不会采用这种做法。

一种可行的办法是，仍然提供预订服务，但暂时将中国用户 UserChina 的数据存放在北京的服务器上，将美国用户 UserUSA 的数据存放在纽约的服务器上。待网络恢复后，再采用一些策略来恢复最终一致性。网络恢复后，如果没有冲突，则很容易解决，但如果有冲突的话，该怎么办呢？一种办法是按照用户预订的时间顺序，先下单的先得。这种办法需要一个全局的时钟，这一点是很难做到的。所以，可以定一个原则，当有冲突时保证某些用户优先。

如果出现了超额预订，就是预订的人数超过了该航班的容量，那就人工通知那些被"牺牲"的用户，同时，提供某些补偿，如对下次预订给予某种折扣等。

从上面的例子可以看出：放弃一致性，并不意味着不要一致性，而是不要强一致性（即多个副本中的数据始终是一致的），但最终还是要通过异步更新等方式达到最终一致。

16.7 微服务的思想

微服务是近几年业界很热的一种软件设计和工程实现的思想。

其实，从技术上讲，微服务与 SOA（Service Oriented Architecture）是一模一样的，所不同的只是软件开发团队的组织形式以及开发团队的职责范围。在微服务中，一个服务只由一个开发团队负责，而且该团队不仅负责服务的开发，还负责服务的维护及运营。因此，微服务中的服务功能要单一，做的事情不能太多，这样，其实现、维护及运营才能由一个团队完成。

亚马逊是微服务的忠实信仰者和实践者。关于微服务开发的团队规模，亚马逊 CEO 杰夫·贝索斯（Jeff Bezos）有一个很著名的"两个比萨原则"：开发团队的规模不能太大，两个比萨要能够喂饱整个团队。虽然贝索斯没有说这个规模具体是多大，但应该是不超过 6 个人。

为什么微服务如此风靡业界？个中原因其实很简单，互联网行业瞬息万变，今天运行良好的业务明天也许就要进行调整。一个例子就是电商的促销，各种优惠政策、秒杀、优惠券等，都要求电商的后台系统足够灵活，反应必须快。因此，就要把一些基本功能组织成一个个微服务，前台的界面部分就像搭积木一样，使用一个个的微服务去实现自己的逻辑。因为每个微服务都足够小，而且由一个小团队完全拥有并控制，这样当业务需要时，可以在很短的时间内进行修改甚至推倒重来。

传统的 SOA 则更多强调的是接口和实现技术，只要有一个组件能够提供给外部可以调用的服务，无论这个组件内部的实现多么复杂、组件规模有多大、开发团队规模有多大，这个组件的团队就都可以声称自己是符合 SOA 要求的。但显然，这个符合 SOA 要求的团队和组件是不符合微服务要求的，因为其过大的规模（无论是组件规模还是团队规模）导致它不够灵活，不能够满足互联网行业瞬息万变的需要。

16.8　MapReduce 的思想

随着大型分布式系统的应用越来越广泛，以及大量自媒体的出现，数据量大幅增长。因此，如何分析这些数据，从中挖掘出有价值的信息，就成了一个很大的挑战。

MapReduce 是谷歌公司提出的对于分布式计算的优雅解决方案，可以解决大数据下的许多计算问题，广泛应用于推荐系统、广告系统等需要大量计算的领域。

当然，MapReduce 也有其局限性，最大的弊端是 MapReduce 本质上是一个批处理计算框架，不能很好地解决流式实时计算问题。为了解决这个问题，业界实现了多个很好的流计算框架，如 Apache Storm 和 Apache Samza。

分布式存储系统解决了数据存放的分布式问题，而 MapReduce/Storm/Samza 则解决了计算的分布式问题，二者结合起来，就能够很好地解决分布式环境下的许多问题。

16.9　服务跟踪的思想

因为分布式系统固有的复杂性，人们只好化繁为简、分而治之，一个大的系统就这样被拆分成了多个层级的许多服务，而且这些不同层级的服务又可能会被部署在不同的数据中心。那么，问题就来了，如果某个功能出错了，该如何定位问题的根源呢？如果没有服务跟踪，在服务如此众多的环境里，定位一个问题的根源就如同大海捞针。关于这一点，参见第 8 章。

简言之，分布式跟踪系统记录下了远程过程调用之间的依赖与时序关系，通过分析这些依赖与时序关系，就能够画出远程过程调用的执行过程，例如，远程过程调用 A 引发了 B、C，而 B 又引发了 B1 和 B2，C 又引发了 C1 和 C2。如果 A 失败了，可以分析到底失败在什么地方。例如，经过分析，发现是 B1 依赖的一个微服务宕机了，导致 B1 失败，而 B1 失败又导致 A 失败。

此外，有了分布式跟踪系统，还能够容易地看出系统的瓶颈和热点。例如，发现每次调用 B 时耗时都很长，就可以分析 B 的执行过程，而找出导致 B 慢的原因。假如不能垂直扩展 B，就可以水平扩展它，即增加多个提供 B 服务的节点。

16.10　资源池化的思想

对于进行抢购、秒杀等促销的电商网站，以及当有重大事件发生时的新闻网站，其流量都会比平时大得多。在这种情况下，就需要在短时间内扩大系统的处理能力。因此，就需要能够动态地增加资源。而要能做到这一点，一个重要的前提就是资源（机器、缓存、数据库连接等）的池化，因为只有资源池化了，才能够动态地获得和释放资源。

资源池化的基础是机器的虚拟化，有两种技术可以选择，即虚拟机和容器。关于这一点，参见第 15 章。

有了虚拟机和容器技术，如果业务量骤增，就可以动态地创建新的虚拟机和容器实例，来运行新的服务实例以分担系统的负载，而当业务量降下来后，就销毁这些实例以释放资源。

第六部分

大型分布式系统案例研究及分析

到目前为止，我们已经了解了分布式存储系统、各种分布式中间件，以及分布式系统的构建思想。

那么，实际生产环境中的大型分布式系统到底是什么样子呢？如何利用各种分布式中间件构建它们呢？

只有了解并理解一些实际的大型分布式系统，才能真正懂得如何去构建新的分布式系统。

第17章

大型分布式系统案例研究

17.1 案例研究之谷歌搜索系统

毫无疑问，谷歌是分布式计算领域的先驱和领导者。许多大家今天耳熟能详的分布式开源系统（Apache MapReduce、Apache ZooKeeper、Apache DFS 等），其设计思想都来源于谷歌的论文。虽然谷歌从未公开阐述过自己搜索系统的架构，但依然可以从一些公开资料中窥到一些蛛丝马迹。

图 17-1 给出的是综合各种公开资料概括出的谷歌搜索系统的架构，也许没有那么准确，但应该不会差太多。

从图 17-1 中可以很清楚地看出，谷歌搜索系统是分层的。下面我们分别讨论。

1. 硬件层

为了最小化每条查询的成本，包括硬件的购置成本和运维成本（如电力成本、制冷成本、空间成本等），谷歌的计算机系统都是定制的，基本上相当于市场上中档 PC 的配置，而没有采用昂贵的高端 PC。

谷歌的设计理念是由软件实现可靠性，而不是依赖昂贵的硬件。

谷歌曾经做过研究，采用 Pentimum 4 处理器的*索引服务器*（index server）[①]反倒比采用 Pentimum 3 的索引服务器性能更差。这一点似乎有悖常理，毕竟，Pentimum 4 处理器更快、更强，怎么会还没有 Pentimum 3 性能好呢？原来，索引服务器的主要工作是访问索引数据，而索引数据结构（如 B+树）的特点决定了程序的可预测性不好，因此，Pentimum 4 激进的乱序执行、指令预测等技术反而导致性能下降。

---

① 访问索引数据的服务器，只读访问索引数据，是谷歌搜索系统的一个重要角色。

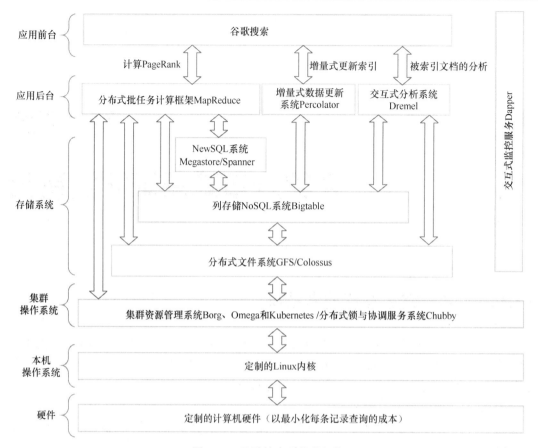

图 17-1 谷歌搜索系统的架构

另外，谷歌还发现：由于索引服务器的工作特点，如果采用并发性好的 CPU 系统，如 SMT（simultaneous multithreading）和 CMP（chip multiprocessor），系统的性能会更好。

对于系统的可靠性，虽然普通硬件的可靠性比不上专用的高端硬件，但可以通过软件支持和冗余硬件来解决。这一点，主要反映在谷歌的存储系统层（如 GFS、Colossus）。

此外，与普通的 PC 不同，谷歌的服务器是不需要如显卡这样的硬件的。

鉴于此，谷歌服务器的硬件都是针对自己系统的特点和需要而专门定制的，以最小化每条记录查询的成本。

2. 本机操作系统层

谷歌系统的本机操作系统都是定制和加强安全的 Linux。

之所以需要定制，是因为如显卡驱动这样的内核模块是不需要的；之所以需要加强安全，是为了提高安全级别。

3. 集群操作系统层

在本机的 Linux 操作系统之上，谷歌实现了自己的集群资源管理系统（即集群操作系统）：

- Borg（第一代）；
- Omega（第二代）；
- Kubernetes（第三代且已开源）。

另外，为了在多台主机间进行协调与同步，谷歌基于 Paxos 协议实现了自己的分布式同步服务 Chubby。

下面是 Borg 系统的一些特点。

（1）在一个 Borg 管理的集群（称为一个 Cell）中，有一个中心控制节点，其上运行 Borgmaster 管理程序。其他节点上运行一个称为 Borglet 的代理进程。

（2）Borgmaster 管理程序有两个进程，即一个 Borgmaster 主进程和一个独立的 Scheduler 进程。

- Borgmaster 主进程管理所有系统对象（机器、任务等）的状态，也为集群客户端提供这些系统对象的创建、修改、查询等功能。为了管理这些系统对象，Borgmaster 主进程需要和运行在各个节点上的 Borglet 代理通信。Borgmaster 主进程还提供一个 Web 管理界面。
- Scheduler 进程负责集群资源的分配与调度。

（3）除 Borgmaster 管理程序外，中心控制节点还作为 Paxos 集群的领导者。

（4）Borglet 是运行在每台机器上的代理程序，它负责启动、停止、重启任务，通过本机 OS 管理本地的资源，向 Borgmaster 通报本机的状态和监控信息等。

4. 存储系统层

存储系统层的基础是分布式文件系统 GFS 和其后继版本 Colossus。

在此之上，是 NoSQL 数据库 Bigtable、Megastore 和 Spanner。

GFS 是谷歌的分布式文件管理系统，Colossus 是其后继版本。

和 GFS 相比，Colossus 可以将元数据（metadata）分片存储，而在 GFS 中，元数据只存储在 Master 节点上。由于这个改进，Colossus 就可以管理更多的文件，因此 Colossus 支持最小 1 MB 的文件[①]。

在 GFS 之上，谷歌又实现了基于列存储的 NoSQL 数据库系统 Bigtable。

（1）Bigtable 本质上是一种分布式键值存储系统，一行数据其实就是一个键值对。

（2）在存储时，属于同一个键的同一列族中的多个列都存储在同一个节点上，而不同

[①] GFS 论文中没有说 Colossus 支持的最小文件尺寸，但提到了 GFS 设计时的一个基本假设是文件的大小为 100 MB 或更大。

的列族则可以存储在不同的节点上。

（3）对单行数据的存取满足 ACID 属性。

作为一种 NoSQL 系统，与 RDBMS 相比，Bigtable 有很好的可伸缩性，但其仅支持单行的 ACID 属性，不支持跨行跨表的 ACID 属性。如果有一种数据库系统，既具有很好的可伸缩性，又支持跨行、跨表的 ACID 属性，就将极大地简化一些业务的开发工作。因此，在 Bigtable 之上，谷歌又开发了所谓的 NewSQL 系统 Megastore 和 Spanner（Megastore 的后继版本）。

（1）Megastore 和 Spanner 的数据模式是半关系型的。

（2）Megastore 和 Spanner 的存储都是基于 Bigtable 的，其基本思想是将同一份数据的多个副本存储在不同的 Bigtable 中，多个副本间通过分布式的一致性协议（Megastore 使用 MVCC 协议）进行同步。

（3）在 Megastore 中，跨数据中心的同步通过两阶段提交（2PC）实现。

Spanner 之所以被称为 NewSQL 系统，是因为其可用性非常高，而且是满足一致性的。也就是说，Spanner 是同时满足 CA 的系统。但我们知道，根据 CAP 理论，由于分区的不可避免性，真正的生产系统只能满足 CP 或 AP 二者之一。那么，为什么 Spanner 号称同时满足 CA 呢？这有下面几点原因。

（1）本质上，Spanner 还是一种 CP 系统，只不过其可用性做得非常好，以至于大多数用户完全可以忽略其不可用的情况。

（2）为了做到高可用，Spanner 采用的一个非常重要的手段是，参与 2PC 的每个成员都是一个 Paxos 集群。也就是说，参与 2PC 的每个数据中心背后都有一个 Paxos 集群，这样，单个 Paxos 成员的故障不会影响整个 Paxos 集群的可用性。

（3）Spanner 实现了一套 TrueTime API。关于 TrueTime API，参见第 14 章。

5. 应用后台层

前面介绍的 GFS、Bigtable 等系统解决了海量的页面索引数据的存储问题。但仅有海量的数据还不够，还需要大规模的分布式计算系统来对页面进行处理。MapReduce、Percolator 等系统就是为了解决这个问题。

了解谷歌的 PageRank 算法的读者都知道，要计算整个 Web 中每个页面的 Rank 值，这个计算量是非常大的，原因很简单，整个 Web 中的页面数量太多了。这个计算量，远远超过了单台计算机的计算能力。MapReduce 就是解决这类问题的一个分布式计算框架。有了 MapReduce，谷歌就可以借助于 GFS/Bigtable/Spanner 等的存储功能，计算整个 Web 中所有页面的 Rank 值了。

谷歌后台的 Web 页面索引最初也是通过 MapReduce 生成的。但由于庞大的 Web 页面数量，计算一遍索引需要 2~3 天时间。对于那些不经常变化的页面，两三天的时间还可以接受，但对社交网站（LinkedIn、Twitter、Youtube 等）来说，两三天时间就显得太长了。

因此，谷歌又开发了增量式的索引更新系统 Percolator。根据谷歌的 Percolator 论文，使用 Percolator 后，与 MapReduce 相比，页面的更新速度提高了 100 多倍。

下面是 Percolator 的一些特点。

（1）Percolator 是基于 Bigtable 的。它基于 Bigtable 的单行事务支持，采用两阶段提交协议，实现了跨行的事务支持。Percolator 客户端通过一个 Percolator 库与 Bigtable 交互，所有的跨行事务支持都在该库中实现。

（2）Percolator 在集群中的每台机器上都运行一个工作者（worker）进程。该工作者进程启动许多线程，周期性地扫描存储在该 Bigtable Tablet 服务器上的数据的变化，对于那些变化的行，调用注册过的观察者（observer）。因为观察者不多而且数量相对固定，所以观察者的代码就被连接到了工作者进程之中。被调用的观察者通过 gRPC 获取 Bigtable 中的数据并进行相应的处理。

有了 Web 页面的索引后，如何分析这些文档也是个大问题。当然，可以写一些 MapReduce 作业（job）来进行，但缺点是周转时间长，交互性差。事实上，Apache Pig 和 Apache Hive 就是这样实现的，它们提供了一种类 SQL 的交互式查询语言，在执行时将这些类 SQL 语句翻译成 Apache MapReduce 任务。谷歌的 Dremel 则另辟蹊径，实现了不依赖于 MapReduce 的交互式大数据分析系统 Dremel。

Dremel 的特点如下。

（1）Dremel 处理的数据是只读的。

（2）谷歌要处理数据的一个特点是规范性差，大都有嵌套的情况（例如，一个文档对象内可以嵌套多个其他对象，这些对象内部又可以嵌套许多其他对象），且稀疏性强（例如，有的字段只存在于少数对象中）。显然这些数据很适合存储在基于列存储的 NoSQL 数据库 Bigtable 中。但问题是如何将具有嵌套特性的数据分解成基于列的表示呢？为此，谷歌创造性地发明了一种将嵌套文档分解成基于列表示，并能够再从这些列构造出原文档的算法。这个算法是基于重复级别（repetition level）和定义级别（definition level）的，详情请参考谷歌的 Dremel 论文。

（3）Dremel 还定义了一种类 SQL 的查询语言，并给出了一个高效的分布式实现。Dremel 的实现方式基于多层服务树（multi-level serving tree）。其思路是顶层服务器节点（root server）收到查询请求后，读取 Bigtable Tablet 中保存的元数据，以得到存储相应数据的节点，然后将 SQL 查询进行拆分，并将相应的子查询分发给各个节点，各个节点再做类似的拆分，最终查询会到达叶子节点。查询结果一层一层返回和聚合，最终在顶层节点聚合出完整的结果。

（4）谷歌的实验结果表明，大多数 Dremel 查询都能在 10 秒内返回，一些查询能够在 1 秒内处理 1000 亿条记录。

6. 分布式监控系统 Dapper

如此复杂的后台系统，没有监控是不行的，谷歌的 Dapper 就是为此目的而设计的一个分布式监控系统。关于谷歌的 Dapper 的特点，参见 8.1 节。

和其他谷歌系统类似，Dapper 的设计思想也为其他公司所借鉴，例如，Twitter 开源的 Zipkin、韩国 Naver 公司开源的 Pinpoint 以及阿里内部的跟踪系统 EagleEye 等都借鉴了 Dapper 的设计思想和架构。

7. 其他

对谷歌搜索的后台系统，还有以下几点需要说明。

（1）容器的大量应用。随着集群规模的扩大，谷歌渐渐意识到需要开发一种集群管理系统，以更好地满足批处理任务（如 MapReduce 任务）和交互式任务的需要，这也是 Borg（第一代）、Omega（第二代）和 Kubernetes 这些集群管理系统存在的原因。从 Borg 开始，谷歌就意识到 Linux 容器的价值。有了容器，就可以将一个应用的所有依赖（除了 Linux 系统调用）打包在一起，极大地简化应用的部署，也可以将集群的管理从面向机器转向面向应用。因此，谷歌集群中的所有生产应用都是运行在容器中的。

（2）gRPC/Protocol Buffers 的大量应用。Protocol Buffers 是一种序列化和反序列化库，而 gRPC 则是在它之上构建的 RPC（Remote Procedure Call）框架。例如，Percolator，其 Observer、Bigtable Tablet 服务器与 GFS 数据块服务器之间的通信就是通过 gRPC 进行的。

（3）FlumeJava 的应用。MapReduce 很好地解决了大数据的分布式处理问题，但它仅适用于那些可以分解为 Map、Shuttle 和 Reduce 阶段的任务。大多数现实问题经常需要使用多个串联起来的 MapReduce 任务才能完成。而如何对任务进行 MapReduce 分解、如何对分解后的任务进行串联和协调、如何删除中间文件等问题则非常烦琐。为了简化这类应用的开发，谷歌开发了 FlumeJava 类库。这个类库提供了一些基础性的可以并发执行的 Java 类。在执行时，执行引擎（executor）会生成并优化执行计划（execution plan），并自动判断和决定是在本地执行还是生成远程的 MapReduce 任务。FlumeJava 还能自动管理远程的 MapReduce 任务，并自动删除中间文件和汇总最终的结果。因此，在谷歌内部，FlumeJava 得到了广泛的应用。

17.2 案例研究之淘宝网

不像谷歌对其重要的组件都有专门的论文发表，淘宝网的架构没有太多资料可寻。因此，下面的描述也许不是很准确，读者也不必太深究其细节，重要的是其思想。关于设计思想，应该不会有太大的出入，毕竟，与其他大型互联网应用相比，淘宝网的架构也不会有太多花样儿。

关于淘宝网架构的演化，《淘宝技术这十年》一书有详细的描述，从最初的 LAMP（Linux+Apache+MySQL+PHP）架构，到 Java+EJB+Oracle（Oracle 数据库的存储也经历了从本地到 NAS，再到 EMC 的 SAN，Oracle 运行的主机也逐渐换成了 IBM 小型机），再到后面的分布式、服务化、组件化。其间的痛苦与心酸只有亲历者自己才知道。

淘宝网的设计思想如下。

（1）服务化。即将重要的业务功能以服务的形式实现。业务之间的联系通过远程服务框架 HSF[①]实现。每一个服务都向 HSF 注册，客户端通过 HSF 查询某项服务的提供者列表。当某项服务的提供者列表有变化时，HSF 动态地将新变化推送到客户端，这样就可以实现动态的负载均衡。

（2）异步化。在大数据量的情况下，尤其是对于像"双 11"这样的大型促销，同步调用的弊端是很大的。原因很简单，在同步调用情况下，如果被调用者由于某种原因一直没有返回，那么调用者就只能等待，这样会锁定很多资源（线程、各种锁、内存等），如此下去，服务端的资源很快会被耗尽，导致应用不可用等各种难以承受的后果。淘宝的消息通知服务是 Notify，这是一个与 ActiveMQ、RabbitMQ 等消息中间件类似的产品，但不同的是，Notify 更适合大数据量、高并发的场景。据《淘宝技术这十年》一书的介绍，"Notify 系统每天承载了淘宝 10 亿次以上的消息通知。"

（3）垂直切分。将不同的业务实现成不同的服务，降低服务的复杂度，服务之间通过 HSF 或 Notify 进行通信。

（4）组件化。将核心的中间件如 RPC 服务框架 HSF、消息中间件 Notify、数据库访问中间件 TDDL、分布式缓存 Tair 等组件化。这样便于技术共享、减少重复开发、降低总的开发成本，也利于产品的稳定。

淘宝网的架构如图 17-2 所示。

1. 数据库层

数据库层主要是 MySQL 集群以及阿里的 NewSQL 系统 OceanBase。

经过一场"去 IOE 运动"，淘宝的主要业务现在已经全都是 MySQL 的天下了，原因很简单，MySQL 开源，可以定制。关于 OceanBase 的介绍，参见第 14 章。

2. 数据访问层

数据访问层是 TDDL（Taobao Distributed Database Layer），一个跨库、跨表访问数据库的中间件，支持数据路由、主备切换、水平扩展、SQL 解析与数据聚合等功能。

---

① High-Speed Service Framework，内部有人称其为"好舒服"。

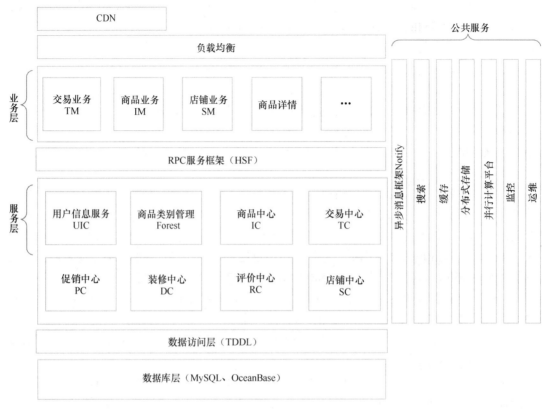

图 17-2　淘宝网架构

3. 服务层

淘宝将基础的功能服务化，这样，各个业务都可以共享相同的服务实现。最基础的服务有：

- 用户信息服务 UIC（User Information Center），提供最基础的用户信息操作，如 getUserById、getUserByName 等；
- 商品类别管理 Forest；
- 商品中心 IC（Item Center）；
- 交易中心 TC（Trade Center）；
- 店铺中心 SC（Shop Center）；
- 评价中心 RC（Recommendation Center）；
- 装修中心 DC（Decoration Center）；
- 促销中心 PC（Promotion Center）。

4. RPC 服务框架 HSF

淘宝的 RPC 服务框架是 HSF，一个集 RPC 框架与 RPC 服务注册、监控于一体的系统。服务层对外提供的服务都是以 HSF 服务的形式存在的，业务层通过注册中心查询服务提供者的位置。有一点需要提及的是，HSF 仅支持 Java 接口形式的服务，不支持除 Java 外的其他语言，这与 gRPC 和 Thrift 不同。

5. 业务层

在服务层之上是业务层，即具体的面向最终用户的业务。

6. 公共服务

除上述几层外，还有以下一些独立于各层的系统或公共服务。

- 异步消息框架 Notify：这是一个与 ActiveMQ、RabbitMQ 类似的异步消息中间件，只不过是为大数据量定制的，它与 Kafka 的应用场景是非常类似的，但设计上完全不同。
- 搜索：一个使用 Solr/Lucene 开源搜索工具构建的搜索系统。
- 缓存：采用的是淘宝自行研发的缓存系统 Tair，且已开源。
- 分布式存储：主要是指 TFS。TFS 是一个架构与谷歌的 GFS/Hadoop 的 HFDS 非常类似的系统，最主要的区别是，TFS 主要用于大量的小文件（商品缩略图等，平均大小仅十几 KB）的存储，而不是大尺寸文件（GFS 的设计目标主要是支持大小超过 100 MB 的文件）的存储。TFS 也已经开源。
- 并行计算平台：基于 Hadoop 的大规模并行计算平台，用于数据分析、聚合等。
- 监控：整个淘宝的运行、监控、告警、分析平台。
- 运维：帮助运维人员的软件发布、部署、监控、管理平台。

17.3　案例研究之阿里云

阿里云的愿景是"打造数据分享第一平台"，成为既像谷歌那样的分布式技术领导者，又像亚马逊那样的云市场领导者，因此，阿里云的底层技术平台在借鉴业界先进的分布式技术思想下，完全依靠自己的努力，从零开始研发。阿里云 2013 年就已经实现了单集群机器数量达到 5000 台的规模，2017 年已经达到了 10000 台节点的规模[①]，确实很不容易。

图 17-3 展示的是阿里云的架构。

---

① 引自阿里云首席架构师唐洪发表的演讲"拥抱开源的云端更具生命力"。

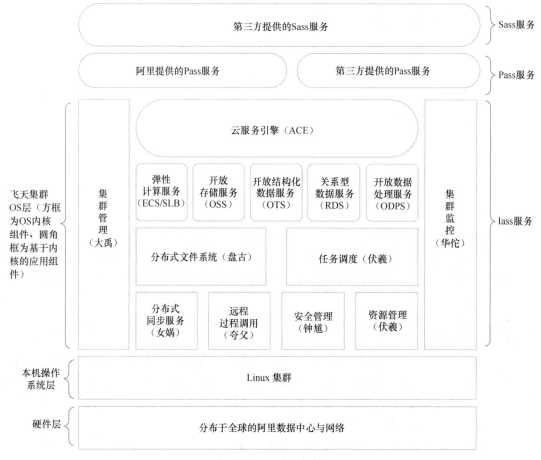

图 17-3   阿里云架构

与谷歌类似,阿里云也完整地实现了自己的集群管理系统软件(即飞天集群操作系统)。

下面是飞天与单机操作系统、谷歌集群系统的对比。由表 17-1 可知,从功能上讲,飞天与单机操作系统是非常类似的,只不过飞天的管理对象是一个由成千上万台机器组成的复杂集群,而不是一台孤立的机器。

表 17-1   飞天与单机操作系统和谷歌集群系统的对比

单机操作系统	飞　　天	谷歌集群系统
设备管理	资源管理（伏羲）	Borg（第一代）、Omega（第二代）和 Kubernetes（第三代且已开源）
内存管理	资源管理（伏羲）	Borg/Omega/Kubernetes
进程管理与调度	任务调度（伏羲）	Borg/Omega/Kubernetes
文件系统	分布式文件系统（盘古）	GFS

单机操作系统	飞　　　天	谷歌集群系统
进程间通信（IPC）机制	远程过程调用（夸父）	gRPC
同步机制	分布式同步服务（女娲）	Chubby
权限管理（如 Linux Capabilities、Windows Privilege）	安全管理（钟馗）	不详
性能管理（如 Windows Performance Counter 等）	集群监控（华佗）	Dapper

下面依次介绍飞天内核的主要组件。

1. 分布式同步服务（女娲）

无论在功能上还是实现上，女娲与谷歌的 Chubby 都非常相似，都是基于 Paxos（阿里的说法是类 Paxos）协议的；也都提供一个类似于树形目录的命名空间，可以在其中创建节点；每个节点上可以存储少量的数据（1 MB 以内），节点数据被存储在多个节点上，节点之间通过 Paxos 协议同步；还支持发布者/订阅者，当节点内容发生变化时，自动通知订阅者。

2. 远程过程调用（夸父）

夸父的作用类似于谷歌的 gRPC，用于不同进程之间的通信。夸父的实现是基于消息的，不是基于流的；支持同步和异步的调用方式。在实现上，客户端通过 Unix Domain Socket 与本机上的一个夸父代理连接，不同机器上的夸父代理之间通过 TCP 通信。

3. 安全管理（钟馗）

钟馗的设计与 Linux Capability 类似，对资源的控制是基于权能（capability）和授权（authorization）的，对用户的身份认证（authentication）是基于公钥/密钥/数字签名的，这样可以防止身份的伪造。

4. 资源管理与任务调度（伏羲）

伏羲是飞天中最难也是最重要的部分，是整个集群的指挥系统。

伏羲的架构如图 17-4 所示。和 Apache YARN 以及谷歌的集群资源管理系统的实现类似，伏羲也是将资源管理与任务管理分开的。这样做的好处是资源管理层只需要管理集群的资源（节点、CPU、内存、存储空间等），任务管理层则可以在此基础上实现多个不同的计算框架（如面向批处理任务的计算框架和面向实时任务的计算框架等）。

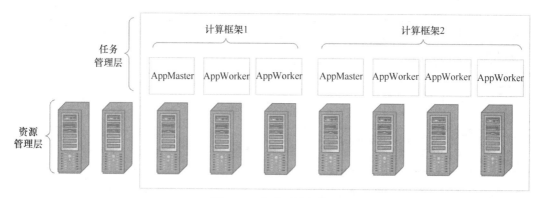

图 17-4 伏羲系统架构

伏羲中有以下几个角色。

- PackageManager：在伏羲中，要执行的程序必须要打成一定格式的包，里面包含要执行的程序及其配置信息。
- FuxiMaster：资源管理的中枢。
- Tubo：运行在集群中的每台机器上，是资源管理的代理。FuxiMaster 通过 Tubo 进行集群资源的管理。
- AppMaster：计算框架的管理中枢。至少有两种实现：面向批处理任务的实现和面向实时任务的实现。
- AppWorker：计算框架中具体负责计算的部分。

下面是在伏羲下启动一个计算任务的过程。

（1）Client 首先将用户要执行的程序及配置信息打包，然后将其上传给 PackageManager。

（2）该应用对应的 AppMaster 被启动，然后它向 FuxiMaster 申请执行程序需要的资源。

（3）FuxiMaster 分配一定的资源给 AppMaster。

（4）AppMaster 在分配给它的资源上启动 AppWorker，并分配数据给各个 AppWorker。

（5）在任务执行期间，AppMaster 需要监控各个 AppWorker 的状态，必要的话，重启某个 AppWorker 或者启动另外的 AppWorker 来接替某个发生故障的 AppWorker；AppMaster 还负责 AppWorker 之间的数据传递及最终的结果汇总。

（6）在任务执行期间，AppWorker 接收 AppMaster 分配给它的数据，然后进行相应的处理，并不断地向 AppMaster 报告其运行状态。AppWorker 的输入来自于传给它的文件，输出结果也写入文件中。

5. 分布式文件系统（盘古）

盘古的架构与谷歌的 GFS、Apache HDFS 几乎完全一致，也是由客户端、主服务器、数据块服务器 3 种角色组成。

为了容错，系统中有多台数据块服务器，通过女娲提供的功能组成一个 Paxos 集群。数据在数据块服务器上存储 3 个副本。

6. 集群管理（大禹）

大禹是面向运维人员的、提供集群升级、部署、升级、扩容等功能的一套系统，由集群配置数据库、节点守护进程和客户端工具集组成。

（1）集群配置数据库：存放集群的配置信息，如各个节点承担的角色、当前是否正在运行任务、上面已经安装软件的版本等。

（2）节点守护进程：执行相应的运维任务（如软件版本升级等）、将当前机器的配置信息同步到集群配置数据库中等。

（3）客户端工具集：供客户端人员使用的一整套集群管理工具。

7. 集群监控（华佗）

华佗是集群的运行信息收集、分析和诊断系统。

集群中的每台机器上都部署两个进程，一个是信息收集进程，另一个是和华佗 Master 通信的代理进程。华佗 Master 收集来自各个代理的运行信息，并响应神农客户端的请求，以数据订阅的方式向客户端提供集群运行信息。

17.4 案例研究之领英

与淘宝和其他大型网站类似，领英的架构也是面向服务的，其业务层均以 Rest.li 服务的形式实现。领英处理一个页面请求的过程如下。

- 后台的 Web 服务收到浏览器发送的 HTTP 请求后，就发起一系列的 Rest.li 服务调用。
- 这些被调用的服务又会向其他服务发起新的 Rest.li 调用。
- 最终，那些最底层的服务或者从缓存（Voldemort 等）、SQL 数据库（Oracle 或 MySQL）、NoSQL 数据库（GraphDB、Espresso、Ambry 等）、HDFS 中取得所需数据，然后做些处理，再层层返回。

图 17-5 给出的是领英的总体架构。下面逐一介绍图 17-5 中的每个组件的作用。

1. 成员资料数据库 Espresso

领英的成员资料数据库（Member Profile Database）使用的是自己开发的基于文档的 NoSQL 数据库 Espresso，其架构如图 17-6 所示。

- Espresso 是基于 MySQL 开发的分布式 NoSQL 系统。存储在里面的文档由 Avro 序列化后存储在 MySQL 中。每个 MySQL 部署称为一个存储节点（Storage

Node）。

- Espresso 文档通过一个哈希函数计算出一个分区键（partition key）。分区键与存储节点的对应关系称为路由表，路由表存储在 ZooKeeper 上，并由路由节点（Router）缓存。当路由信息变化时，ZooKeeper 会发送节点信息变化通知给路由节点。
- 每个分区都存储在存储节点上。存储节点采用 MySQL 作为存储引擎，并有一个 SQL 请求处理器。路由节点根据客户端的请求，生成多个子请求，并发送给负责各个分区的存储节点，再将来自各个存储节点的返回结果聚合后返回给客户端。
- Espresso 还可以将数据复制到 DFS 中，以备不时之需。
- 同一个分区的多个副本之间的同步是通过 MySQL 的主从复制机制实现的。
- Databus（下面有介绍）将 Espresso 中的数据异步复制到 Hadoop 集群中进行后台分析。

图 17-5　领英的总体架构

2. 成员关系图数据库 GraphDB

关于图，先解释一个定义：在图中，两个节点之间度数距离（degree distance）是指两节点之间最短距离上的边的条数。举例说，如果 A 与 B 认识，那么 A 与 B 之间的最短距离上就只有一条边，因此其度数距离为 1；如果 A 与 B 认识，B 与 C 认识，但 A 与 C 不直接认识，那么 A 与 C 之间的最短距离上就有两条边，因此其度数距离就为 2。

领英的成员关系图存储在一个分布式图数据库中，图 17-7 给出的是其架构。

图数据库的成员信息来自 Espresso，由 Databus 复制过来。图数据库 API 层解析客户的请求，并通过查询 GraphDB 或 NCS 来处理这些请求。

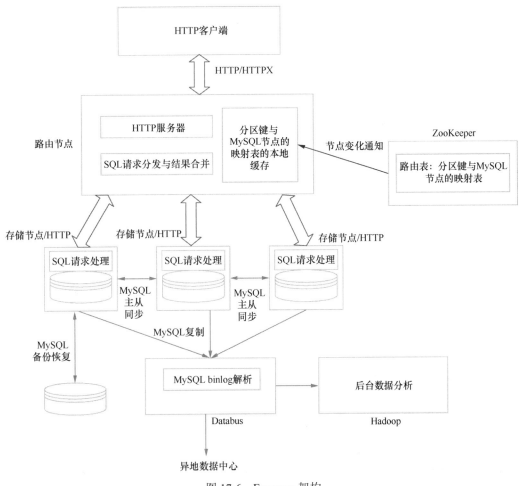

图 17-6　Espresso 架构

图数据库支持以下 3 个 API。

- GetSharedConnections：输入为一个源成员 ID 和一组目的成员 ID，返回源成员与各个目的成员之间的度数距离（返回的度数距离最大为 3）。
- GetConnections：输入为一个成员 ID 和一些过滤条件，返回满足过滤条件的且该成员认识的所有成员。
- GetDistances：返回某两个成员都认识的成员。

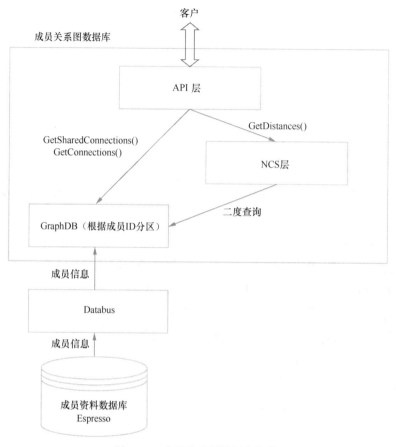

图 17-7 成员关系图数据库架构

图数据库的存储由以下两部分组成。

- GraphDB：对于某成员 ID，根据一个哈希函数的结果进行分区。该成员认识的所有成员的 ID 列表和该成员的其他资料存放在同一个分区上。因此，GetSharedConnections 和 GetConnections 这两个 API 可以通过查询 GraphDB 实现。
- NCS（Network Cache Service）层：虽然 GetDistances API 也能够通过查询 GraphDB 实现，但当两个节点间的度数距离为 3（GetDistances 不支持度数距离大于 3 的查询），特别是某个节点有大量相连节点时（如某些社交明星），需要大量访问 GraphDB，性能很差，因此领英决定将每个成员的所有度数距离为 1 或 2 的节点缓存起来，这个缓存就是 NCS。这样当计算两个节点之间是否有度数距离为 3 的路径时，只需要从 NCS 中取出这两个节点的所有度数距离为 1 或 2 的节点列表，然后计算交集即可。

按照自底向上的顺序，下面我们将图 17-5 中领英的其他模块简要介绍一下。

3. 序列化组件 Avro

Espresso 在每个节点上的存储引擎采用的是 MySQL 数据库，而 Espresso 则是一个基于文档的 NoSQL 数据库，文档内容经 Avro 序列化后存储在 MySQL 中。

Avro 提供的功能与 Thrift、Protocol Buffers 类似，既能够描述数据的格式，也能够描述远程过程调用的格式，同时支持 C/C++、C#、Java、Perl、PHP、Python、Ruby、Go 等多种语言的绑定。

但与 Thrift、Protocol Buffers 相比，Avro 还是有些不同。Avro 不一定非要生成一些代码，这是因为在数据传输时，Avro 要求一定要带上数据的模式，这一点对动态语言（如 Perl、PHP、Python）非常有用。利用这一点，可以实现通用的数据处理功能。另外，由于解析时能够获取数据模式，Avro 也不需要手工给字段分配 ID。

4. RPC 服务框架 Rest.li

为了服务化的需要，和其他所有大的互联网公司一样，领英也需要自己的 RPC 服务框架，这就是 Rest.li。Rest.li 有如下特点。

- Rest.li 是一款 REST 风格的 RPC 框架，数据传输采用的格式是 JSON+HTTP，所以客户端比较灵活，可以是 Python、Ruby、Node.js、Java 开发的组件，也可以是 C++ 开发的组件。
- Rest.li 提供了 Java 语言的服务器端和客户端开发框架。
- Rest.li 提供了一个 Java 异步并发编程的类库 ParSeq。
- Rest.li 提供了一个命名服务 D2（Dynamic Discover）。该服务借助于 ZooKeeper 实现，通过它可以实现客户端负载均衡。每次客户端在调用服务前，先调用 D2 解析服务的位置，这样，D2 服务器就可以每次返回不同的服务提供者地址，从而实现负载均衡。
- Rest.li 提供了一个 Web 界面，可以浏览、查找所有的 Rest.li 服务。

5. 分布式键值对型数据库 Voldemort

Voldemort 是领英开发的基于分布式键值对的 NoSQL 数据库，其架构参考了亚马逊的 Dynamo 论文，对于所有的键，采用一致性哈希将其分散到多个节点上。

Voldemort 支持多个存储引擎，最常用的引擎是 Berkeley DB Java 版，还有一个领英自己开发的引擎。

6. 分布式数据同步组件 Databus

由于经常需要在线上数据与线下数据间进行同步，例如，将成员资料从 Espresso 中同步到成员关系图或者 Hadoop 中进行其他处理（广告平台等），因此领英开发了数据同步工具 Databus。

Databus 支持的源数据库有 Oracle 和 MySQL。对于 Oracle，Databus 通过数据库触发器（trigger）获取数据变化通知；对于 MySQL，Databus 通过解析 MySQL 数据库复制 Log 文件获取数据变化通知。

7. 消息中间件 Kafka

Kafka 是领英开发并且已经开源的非常著名的分布式消息中间件，在互联网领域有广泛的应用，详情参见 7.2 节。

8. 分布式流处理框架 Samza

Samza 是领英开发的分布式流处理框架，它接收 Kafka 传过来的流数据，通过 Apache Hadoop YARN 获取集群资源，然后进行一些处理。

9. 分布式追踪组件 inCapactity

inCapactity 是领英的分布式调用跟踪解决方案，它通过 Samza 获得各个应用实时产生的调用数据，对于每个调用，inCapactity 都赋予它一个全局唯一的 GUID，这样，通过 GUID 和调用与被调用关系，就可以构造出每个调用的调用树。

10. 分布式 OLAP 数据仓库 Pinot

Pinot 是领英开发的分布式、实时、可以水平伸缩的 OLAP 数据仓库。它的数据源可以是来自 Hadoop 或者文件系统的离线数据，也可以是来自 Kafka 的在线数据。图 17-8 给出的是 Pinot 的架构。

Pinot 具有以下特点。

- 它对外提供与 SQL 类似的查询语言。
- 存储于 Pinot 中的数据是只读的，且按照列优先的方式存储。
- 既支持历史数据查询，也支持来自 Kafka 的实时数据查询。
- 其架构是典型的分发聚合架构。来自客户的查询请求首先发送给代理，代理将其分发给涉及的各个服务器，各个服务器查询本地的数据并将结果返回给代理，代理聚合后返回给客户端。

11. 集群资源管理系统 Hexlix

Hexlix 是领英的集群资源管理系统。

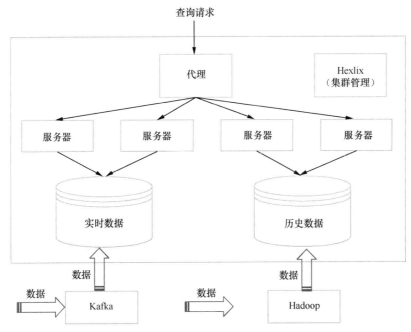

图 17-8　Pinot 架构

和其他集群资源管理系统类似，Hexlix 提供的功能有：

- 节点的分配和管理；
- 节点故障的检测和恢复；
- 资源（节点、内存、存储等）的动态增加、删除；
- 根据节点的负载情况，动态地调整负载的分配情况，以实现各个节点的负载均衡。

12. 分布式 BLOB 存储系统 Ambry

Ambry 是领英的分布式 BLOB 存储系统，用于存储用户的图片、视频、只读的 PDF 文档等。这些对象可以小到 1～100 KB，也可以大到数 GB。可以说，其在功能上是 Apache HDFS 和 TFS 的综合体。

第 18 章

关于分布式系统设计的思考

我们前面系统地讨论了分布式系统设计的方方面面，从中我们可以看出分布式系统的本质：不过是提供一个虚拟的更大、更强的系统。分布式文件系统的本质是提供一个虚拟的大型文件系统，就像一个单机的文件系统一样；分布式数据库系统的本质是提供一个虚拟的大型数据库系统，就像一个单机的数据库系统一样；分布式计算系统的本质是提供一个虚拟的大型计算系统，就像一个单机的计算系统一样……

然而，受限于现有的硬件条件，为了获得这样的一个虚拟的大型分布式系统，只能通过"拼凑"成百上千，甚至成千上万台机器的方式，舍此别无他法。于是，各种协议、各种框架应运而生，从而出现了今天异彩纷呈、百家争鸣的局面。

这个过程显然不是一帆风顺的，其间有太多的痛苦和惨痛的教训。所有这些，都值得我们深深地思考，思考为什么会有这样的结果，思考技术上的各种实现选项，思考各种"榨取"性能的手段……

18.1　大型互联网公司架构的共性

从前面的分析我们可以看出：各大互联网公司的架构虽采用的具体技术各异，但就其架构而言，却是大同小异的。表 18-1 总结了大型互联网公司架构的一些共性。

表 18-1　大型互联网公司架构的共性

共　　性	描　　述
分层设计	大都有存储层、服务层、用户界面层和一些离线的数据分析系统
独立的集群管理系统	容器化、池化、资源管理与应用独立

共　　性	描　　述
存储层	根据需要，可以采用文件系统，也可以采用数据库系统，一般是两者都用 （1）文件系统 ● 有的直接采用 Apache HDFS ● 有的根据自己的需求开发了特定的系统，如存储大量小文件的 TFS，既能存储大文件也能存储小文件的领英的 Ambry 等 （2）数据库系统 ● 关系型数据库主要是开源的 MySQL，少数也用 Oracle ● NoSQL 数据库系统则大多根据自己的需要开发，有基于键值对的、基于文档的、基于图的、基于列存储的等
服务层	服务化 ● 都有自己的 RPC 服务框架：支持服务注册（大都采用 ZooKeeper 或其变种）、查询、负载均衡等 ● 都采用消息服务中间件使调用异步化 ● 都有自己的服务调用分析系统
数据分析	● 实时数据与历史数据分开：一般都自行开发不同数据库之间的同步中间件，以将实时数据同步到历史数据库中 ● 利用 Hadoop 集群对历史数据进行分析 ● 利用流处理系统对在线数据进行分析

18.2　为何大型互联网公司的架构如此相似

其实，这一点并不难理解。本质上，大家面临的问题（海量的实时数据和更加海量的历史数据）和所能够使用的硬件设备（普通商用硬件和现有的网络水平）都是一样的。因此，其架构在本质上的雷同也就是很自然的事情了。下面，我们从以下几方面分析一下。

（1）面临的问题类似。如前所述，各大互联网公司面临的问题本质上是一样的，就是数据和处理能力的增长超过了单机的处理能力。淘宝网的日交易量、微信（或 QQ）的日通信量、谷歌的日搜索量等显然已经远远超出了单机的处理能力，如何处理这个问题，事关公司存亡。

（2）可用的硬件类似。由于对存储能力、计算能力、网络带宽的需求很大，为了获得高性价比，大型的分布式系统只能采用普通商用机器，这也就决定了大家能够使用的硬件是类似的。

（3）操作系统的类似。因为 Linux 的开源和可定制性，大型分布式系统的后端无一例外（当然，除了微软的后端系统）采用的是 Linux 及其变种。操作系统的类似，决定了大家都是站在同一个单机平台上，可以使用的底层通信方式、底层 API 都是一样的。例如，Linux 提供的 epoll()系统调用，与传统的 select()系统调用相比，极大地提升了服务器后端处理并发请求的能力，这一点被百度在其分布式 RPC 框架 sofa-pbrpc 中采用，也被腾讯在其 RPC 框架 sofa-pbrpc 中采用，同样也被 Nginx 采用。

（4）可用的工具类似。由于开源软件的共享特性，大家可用的工具是类似的。首先，开发的语言是类似的，后端用得最多的 3 种语言是 Java、C++和 Go。其次，可用的单机数据库引擎是类似的，无非是 MySQL、LevelDB、Berkeley DB 之类的开源引擎。基于这些单机的数据库引擎，就可以构造出更复杂的分布式数据库。再次，采用的各种开源的库和工具（如 libpaxos、protobuf、Docker）也都是类似的。像谷歌这样技术实力雄厚的大公司，往往是新技术的开拓者，当它成功地解决了一个问题后，往往会以论文（甚而是开源软件）的形式共享出来，然后，业界开始直接采用或者复制其解决方案。

（5）技术的交流与共享。在 IT 领域，先进的技术大多会以论文形式公开发表，然后是一批开源的模仿者，最后是业界的普遍采用，诸多分布式领域的开源产品都走过这条路。因此，随着新技术的开源版本的普及，大家所采用的技术方案渐趋一致。

18.3　关于分布式监控系统

本书前面专门讨论了分布式跟踪服务中间件的设计，其中所列举的诸多实现的架构都基于谷歌的 Dapper 系统。显然，这种实现是重量级的，分布式跟踪服务中间件的开发者需要做很多工作（调用信息收集器、调用信息分析器、调用信息的展示等），而且，复杂的系统的维护成本也会很高。

如果我们需要的仅仅是一个分布式的监控系统，例如，仅监控主要进程的已处理消息数量、等待处理的消息数量、每秒处理的消息数量等，那么若采用这种重型的分布式跟踪服务，则有些"杀鸡用牛刀"的味道。

Windows/Linux 操作系统都有性能计数器的概念，如进程的内存使用量、CPU 使用量。Windows/Linux 操作系统也提供了相应的工具来查看这些性能计数器。同样，Java 虚拟机也有类似的概念。

因此，如果我们需要的仅仅是类似的一些计数器，那么可以采用类似的解决方案。微信后台的监控系统采用的就是这样的一种方案，其思路就是将计数器放入共享内存中，由监控者更新计数器的值，而监控者则读取这些值并统一展示。整个监控系统实现起来要比那些基于 Dapper 架构的分布式跟踪系统轻量多了。

18.4 Linux 系统调用 epoll()

各个主流的操作系统（Windows、Linux 及各种 Unix）都支持 select()系统调用，以支持基于网络套接字的服务器端程序处理并发的客户请求。代码清单 18-1 演示了如何使用 select()系统调用来实现并发处理。

代码清单 18-1　使用 select()处理并发请求

```
1.    fd_set fd_clientsets;
2.    int fd_clients[MAX_CLIENTS];
3.
4.    while(1){
5.        FD_ZERO(&fd_clientsets);
6.        for (i = 0; i< MAX_CLIENTS; i++ ) {
7.            FD_SET(fd_clients[i],&fd_clientsets);
8.        }
9.
10.       select(MAX_CLIENTS, &fd_clientsets, NULL, NULL, NULL);
11.
12.       for(i=0;i<MAX_CLIENTS;i++) {
13.           if (FD_ISSET(fd_clients[i], &fd_clientsets)){
14.               // 处理客户端请求
15.               ...
16.           }
17.       }
18.   }
```

select()系统调用的最大问题是，当并发的客户端量很大时（成千上万），性能比较低，具体原因如下。

（1）从代码清单 18-1 的第 5～8 行可以看出，每次调用 select()前，都需要重新初始化 fd_clientsets 结构。

（2）从代码清单 18-1 的第 10 行可以看出，每次调用 select()时，都需要将全部的描述符 fd_clientsets 传给操作系统内核，这会导致整个 fd_clientsets 结构从用户态内存复制到内核态内存。

（3）从代码清单 18-1 的第 12～16 行可以看出，每次 select()返回后，都需要扫描每个客户端描述符（即整个 fd_clients[MAX_CLIENTS]数组），以判断是否有新的请求需要处理。

为了解决这个大量客户端连接时的并发问题，Linux 从内核 2.5.44 开始支持一个新的系统调用，即 epoll()。代码清单 18-2 演示了如何使用 epoll()系统调用来实现并发处理。

代码清单 18-2   使用 epoll()处理并发请求

```
1.    struct epoll_event events[MAX_CLIENTS];
2.    int epfd = epoll_create(MAX_CLIENTS);
3.    ...
4.    ...
5.    // 接受来自客户端的连接请求，并将其加入 epfd: epoll_ctl(epfd, EPOLL_CTL_ADD, ...)
6.
7.    while(1){
8.        int nfds = epoll_wait(epfd, events, MAX_CLIENTS, MAX_TIMEOUT);
9.
10.       for(i=0;i<nfds;i++) {
11.           // 处理来自 events[i].data.fd 客户端的请求
12.           ...
13.       }
14.   }
```

和使用 select()相比，使用 epoll()后，服务器端的性能有了很大的提高，其原因如下。

（1）从代码清单 18-2 的第 5 行可以看出，每次调用 epoll()前，只需要初始化一次。

（2）从代码清单 18-2 的第 8 行可以看出，每次调用 epoll_wait()时，只需要传递 epoll 的描述符（即 epfd 变量）即可，不需要传递全部的客户端描述符。这是因为，内核已经在调用 epoll_ctl()时将客户端描述符记录到内核态的内存了，而这块内存可以通过 epoll 的描述符访问。

（3）从代码清单 18-2 的第 10～13 行可以看出，每次 epoll_wait()返回后，内核会将有新请求的客户端描述符保存在 events 数组中。这样，就不需要对每一个客户端描述符进行扫描。

随着互联网，尤其是移动互联网的发展，服务器端对高并发处理能力的需求是很强烈的，epoll()的重要性不言而喻，因此，epoll()在服务器端被广泛使用。例如，在微信后端被广泛使用的异步并发处理库 libco、腾讯开源的 C++ RPC 框架 phxrpc、百度开源的 C++ RPC 框架 sofa-pbrpc、著名的 Web 服务器 Nginx 等都使用了 epoll()。

18.5   关于插件设计模式的实现

对于插件设计模式，相信大家都不陌生。在大型的分布式框架中，插件模式被广泛采用，以适应纷繁复杂的"万事万物"。

至于其实现，在各种语言和各种库中，肯定有各种各样的方式。这里我们看几种大粒度的典型实现方式。

18.5.1　C/C++语言的动态库形式的实现

Windows 有两个 API，即 LoadLibrary()和 GetProcAddress()，可以帮助实现动态库形式的插件。代码清单 18-3 演示了这一点。

代码清单 18-3　Windows 下的动态库插件模式实现

```
1.  typedef struct tagMyPraram {
2.      ...
3.  } MY_PARAM;
4.
5.  typedef UINT (CALLBACK* LPFNPLUGINFUNC)(MY_PARAM *pParam);
6.
7.  #define PLUGIN_ENTRY_FUNC_NAME _T("MyPluginEntry")
8.
9.
10. LPFNPLUGINFUNC GetPlugin(TCHAR *pszDllName)
11. {
12.     HINSTANCE hDLL; // 处理 DLL
13.     LPFNPLUGINFUNC lpfnPluginFunc; // 函数指针
14.
15.     hDLL = LoadLibrary(pszDllName);
16.     if (NULL != hDLL) {
17.         lpfnPluginFunc = (LPFNPLUGINFUNC)GetProcAddress(hDLL,
                PLUGIN_ENTRY_FUNC_NAME);
18.         if (!lpfnDllFunc1) {
19.             // 处理错误
20.             FreeLibrary(hDLL);
21.             return NULL;
22.         }
23.     }
24.     return lpfnPluginFunc;
25. }
```

Linux/Unix 有两个类似的 API，即 dlopen()和 dlsym()，代码清单 18-4 演示了如何使用它们实现 Linux 下的插件模式。

代码清单 18-4　Linux 下的动态库插件模式实现

```
1.  typedef struct {
2.      ...
3.  } MY_PARAM;
4.
5.  typedef unsigned int (CALLBACK* LPFNPLUGINFUNC)(MY_PARAM *pParam);
6.
7.  #define PLUGIN_ENTRY_FUNC_NAME "MyPluginEntry"
8.
```

```
9.    LPFNPLUGINFUNC GetPlugin(char *pluginlib)
10.   {
11.       void *handle = dlopen(pluginlib, PLUGIN_ENTRY_FUNC_NAME);
12.       if (!handle) {
13.           // 错误原因: dlerror()
14.           return NULL;
15.       }
16.
17.       dlerror();      // 清除现存的错误
18.
19.       return dlsym(handle, PLUGIN_ENTRY_FUNC_NAME);
20.   }
```

18.5.2　Java 语言的插件模式实现

Java 语言是一种基于虚拟机的语言，和 C/C++相比，有着更大的灵活性，因而就有着更多更好的插件模式实现方式。

1.　基于 Java 反射机制的实现

Java 语言的反射机制可以动态地加载类，并动态地调用类的方法，这一点与 C/C++语言的动态库实现方式类似。但使用 Java 语言，可以有其他更好的实现方式，因此对于这种方式就不多说了。

2.　基于 Java Service Loader 机制的实现

这种实现方式的细节详见 2.3.2 节。

阿里开源的分布式 RPC 框架 Dubbo 中大量采用这种方式，使其整个框架的可扩展性非常强。代码清单 18-5 演示了一个 org.apache.dubbo.rpc.Protocol 文件的内容，其中指定了 Dubbo 采用的通信协议的实现类的名称。将类的名称替换成另外的类名，就可以替换通信协议的实现类。类似的做法在 Dubbo 中还有很多。

代码清单 18-5　org.apache.dubbo.rpc.Protocol 文件内容

```
dubbo=com.alibaba.dubbo.rpc.protocol.dubbo.DubboProtocol
```

3.　基于动态 Java 类生成机制的实现

由于 Java 程序是基于字节码的，因此可以方便地动态生成新的类，或者动态地修改已存在方法的字节码（例如，在方法的开头或结尾做一些事情）。有许多操作 Java 字节码的库，Javassist 就是其中的一款。因此，可以借助 Javassist 这样的库来动态地生成新的插件或者适配器等。

阿里开源的分布式 RPC 框架 Dubbo 也采用了这种技术。代码清单 18-6 演示了 Dubbo 为每个 com.alibaba.dubbo.rpc.Protocol 接口的实现类生成的适配器类。通过这个适配器类，各个 com.alibaba.dubbo.rpc.Protocol 接口的实现类就融入 Dubbo 的可扩展机制框架中了。生成适配器类后，根据用户的配置，Dubbo 会选择 JDK 或者 Javassist 对其进行编译和加载，之后就可以使用它了。

代码清单 18-6 Dubbo 为 com.alibaba.dubbo.rpc.Protocol 类生成的适配器类

```
1.  package com.alibaba.dubbo.rpc;
2.
3.  import com.alibaba.dubbo.common.extension.ExtensionLoader;
4.
5.  public class Protocol$Adpative implements com.alibaba.dubbo.rpc.Protocol {
6.      public com.alibaba.dubbo.rpc.Exporter export(com.alibaba.dubbo.rpc.
            Invoker arg0) throws com.alibaba.dubbo.rpc.RpcException {
7.          if (arg0 == null)
8.              throw new IllegalArgumentException(
9.                  "com.alibaba.dubbo.rpc.Invoker argument == null");
10.         if (arg0.getUrl() == null)
11.             throw new IllegalArgumentException(
12.                 "com.alibaba.dubbo.rpc.Invoker argument getUrl() == null");
13.         com.alibaba.dubbo.common.URL url = arg0.getUrl();
14.         String extName = (url.getProtocol() == null ? "dubbo" : url.
15.                 getProtocol());
16.         if (extName == null)
17.             throw new IllegalStateException(
18.                 "Fail to get extension(com.alibaba.dubbo.rpc.Protocol) name
                        from url("+ url.toString() + ") use keys([protocol])");
19.
20.         com.alibaba.dubbo.rpc.Protocol extension = (com.alibaba.dubbo.
                rpc.Protocol) ExtensionLoader
21.             .getExtensionLoader(com.alibaba.dubbo.rpc.Protocol.class)
22.             .getExtension(extName);
23.         return extension.export(arg0);
24.     }
25.
26.  public com.alibaba.dubbo.rpc.Invoker refer(java.lang.Class arg0,
27.     com.alibaba.dubbo.common.URL arg1)
28.     throws com.alibaba.dubbo.rpc.RpcException {
29.     if (arg1 == null)
30.         throw new IllegalArgumentException("url == null");
31.     com.alibaba.dubbo.common.URL url = arg1;
32.     String extName = (url.getProtocol() == null ? "dubbo" : url.getProtocol());
33.
34.     if (extName == null)
35.         throw new IllegalStateException(
36.             "Fail to get extension(com.alibaba.dubbo.rpc.Protocol) name
                    from url("+ url.toString() + ") use keys([protocol])");
```

```
37.
38.           com.alibaba.dubbo.rpc.Protocol extension = (com.alibaba.dubbo.rpc.
                  Protocol) ExtensionLoader
39.               .getExtensionLoader(com.alibaba.dubbo.rpc.Protocol.class)
40.               .getExtension(extName);
41.           return extension.refer(arg0, arg1);
42.       }
43.
44.       public void destroy() {
45.           throw new UnsupportedOperationException(
46.               "method public abstract void com.alibaba.dubbo.rpc.Protocol.destroy()
                  of interface com.alibaba.dubbo.rpc.Protocol is not adaptive method!");
47.       }
48.
49.       public int getDefaultPort() {
50.           throw new UnsupportedOperationException(
51.               "method public abstract int com.alibaba.dubbo.rpc.Protocol.
                  getDefaultPort() of interface com.alibaba.dubbo.rpc.Protocol
                  is not adaptive method!");
52.       }
53. }
```

18.5.3 采用专用语言的插件模式实现

还有一种插件模式的实现方式是框架和插件采用不同的语言，例如，框架使用 C/C++ 语言开发，插件采用 Java、Lua 这样的语言。之所以如此，是因为 Java 或 Lua 语言的开发效率比 C/C++语言高很多。另外，Java 或 Lua 等语言的内在保护机制，使实现得不好的插件不会给框架造成大的负面影响。

Java 的 JNI（Java Native Interface）技术可以用来实现 C/C++与 Java 程序的相互调用。

Lua 是一种动态的脚本语言，在 Lua 程序中可以方便地调用 C 语言实现的函数，因此，其功能可以很强大。Lua 解释器有开源的实现，很小巧，可以方便地内置于插件框架中。这样，插件框架就可以方便地运行 Lua 语言写的插件了。官方的 MySQL 代理就内置了一个 Lua 解释器，可以通过 Lua 脚本语言来实现读写分离、分库分表、过滤、鉴权等逻辑。

18.6 关于分布式服务调用中间件的实现

仔细研究谷歌开源的 C++ RPC 框架 gRPC、腾讯开源的 C++ RPC 框架 phxrpc 和百度开源的 C++ RPC 框架 sofa-pbrpc 后，你会发现目前流行的 C++ RPC 框架的实现思路都是 "C++ RPC 框架 ＝ Protocol Buffers ＋ 基于 epoll()的请求分发处理机制 ＋ 组件注册中心"。

Protocol Buffers 解决了消息的序列化问题，基于 epoll()的请求分发处理机制解决了高并发下的消息处理问题，而组件注册中心则解决了组件的寻址问题。因此，基于这三者，就可以实现一个可用的 C++ RPC 框架了。

18.7 动态链接还是静态链接

动态链接一直是 Windows/Linux 等主流操作系统上的应用程序的默认做法。动态链接有很多好处，例如，可以有效地提高内存的使用效率，节省磁盘空间，提高编译速度等。尽管有"DLL 地狱"（DLL hell）等诸多问题，动态链接依然是各种编译器（连接器）的默认链接方式。

然而，容器的出现改变了这一点。Linux/Windows 支持的容器，实质上就是一个独立的运行空间，这个运行空间包括一个独立的进程表、一个独立的 I/O 地址、一个独立的内核对象表等。总之，一个容器就是一个虚拟的小型操作系统，但各个容器之间共享同一个宿主操作系统内核。

为了保证容器内运行的应用程序的独立性，就要避免使用动态链接。如果一个可执行程序的文件静态链接了它所依赖的所有库（包括 C 运行时库），那么运行时就不再需要这些库了，因而部署起来会非常方便，直接把它复制到一个地方就可以了。当然，静态链接也有缺点，就是浪费了很多磁盘空间和内存空间，因为每一个这样的程序都需要复制一份它所依赖的库函数。然而，与其在容器中部署的方便性比起来，这点内存与磁盘空间的浪费实在是微不足道的。

作为一门为互联网应用而生的语言，Go 语言的默认链接方式是静态链接，因此 Go 语言写的程序可以方便地在容器中部署、迁移和复制。

我们不得不惊叹：在今天的分布式环境下，连程序的链接方式都发生了根本性的改变。

18.8 无所不用其极的压榨性能手段

大型的互联网应用（如谷歌搜索、淘宝、微信等），往往采用各种各样的手段去提高产品的性能。这其中，有的是常规手段，有的则是非常规手段。下面我们看几个例子。

18.8.1 编译后代码的原生态化

Facebook 的很多网页都用 PHP 写的。因为 PHP 是解释型的，所以 PHP 代码执行起来就比编译型的 C/C++代码和采用即时编译（JIT compiling）的 Java 代码慢很多。为了提高 PHP 代码的性能，同时又想保留 PHP 开发效率高的优点，Facebook 在 2013 年前的解决方法是将 PHP 代码翻译成 C/C++代码，然后将其编译成本地代码执行。

然而，这种翻译的方法有一些问题，其中就包括它并不支持全部的 PHP 语言功能，例如，对于 PHP 的 eval()方法就不支持。于是，2013 年之后，Facebook 开始采用一种类似于 Java 虚拟机的方式，即首先将 PHP 代码编译成一种中间语言代码（字节码），然后在运行时刻进行即时（Just In Time，JIT）编译。

我们再看一个客户端的例子。Android 手机操作系统的应用程序是用 Java 语言写的，但 Android 的 Java 程序最终并不是运行在 Oracle 或 Open JDK 的 Java 虚拟机中，而是运行在 Android 自己提供的虚拟机中，这个虚拟机在 Android 5.0 之前叫作 Dalvik，从 Android 5.0 开始，叫作 ART（Android Runtime）。Dalvik 执行 Java 字节码的方式和 Oracle 的 Java 虚拟机类似，也是 JIT 编译，即仅在执行前才对要执行的字节码进行编译。

但 ART 改变了这一点，它是预编译的（ahead-of-time compilation），即在执行前就将全部字节码编译成了本地代码。微软的手机操作系统支持的 UWP（Universal Windows Platform）程序也采用了和 Android 5.0 类似的策略，即通过.Net Native 技术，将 UWP 程序预编译成本地代码。

18.8.2　定制的 Linux 内核

在大型的 Linux 集群中，采用定制的 Linux 内核是普遍的做法。我们知道，Linux 是个开源的操作系统，编译 Linux 内核时，可以指定不同的参数，这些参数可以定制 Linux 的功能，如支持的最大 CPU 数量、是否包含特定的内核功能、是否包含特定的硬件驱动等。

代码清单 18-7 演示了阿里云内核的默认配置文件的部分内容。从中，我们可以看出它支持的最多 CPU 数量是 512（CONFIG_NR_CPUS），它包含 Linux 虚拟服务器的轮询调度算法（CONFIG_IP_VS_RR），但不包含 SCSI 的磁带驱动（CONFIG_CHR_DEV_ST）。

代码清单 18-7　阿里云内核的默认配置文件（节选）

```
1.  ...
2.  CONFIG_NR_CPUS=512
3.  ...
4.  #
5.  # IPVS scheduler
6.  #
7.  CONFIG_IP_VS_RR=m
8.  ...
9.  # CONFIG_CHR_DEV_ST is not set
10. ...
```

定制的内核裁剪掉了不需要的硬件驱动，并且根据需要定制某些参数的值（如支持的最大 CPU 数量），因而更加小巧，也更能满足特定的需要。

18.8.3　定制的 Java 虚拟机

如果说定制 Linux 内核是普遍做法的话，那么定制 Java 虚拟机（Java Virtual Machine，JVM）的做法就有些剑走偏锋了。然而，为了性能，还真的有人这样做。

淘宝后台有很多 Java 代码，因而淘宝团队在 OpenJDK 基础上，定制了 Java 虚拟机。淘宝定制的 JVM 有一个很重要的特性是“GC 不可见的堆”（GC invisible heap）。

我们知道，Java 对象都分配在堆中，JVM 的垃圾收集器（Garbage Collector，GC）会按照配置的算法对堆中的垃圾进行收集。但如果某个对象的生命周期很长，那么，每次收集垃圾时对它的扫描就是一种性能上的浪费。淘宝的思路就是将那些生命周期很长的对象分配到一块 GC 不可见的区域中，这样 GC 就不需要每次收集时都扫描它们了，从而可以节省一些时间。

淘宝定制的 JVM 还有个特性是，利用 JVM 的内在函数（intrinsic function）来提高特定应用（如淘宝定制的 HDFS）的性能。这个特性有下面两种作用。

- 充分利用 CPU 的新指令：Intel CPU 的 SSE4（Streaming SIMD Extensions 4）增加了一些新的指令，其中之一就是 CRC32 指令，用于计算 CRC32 校验值。淘宝 JVM 增加了一个内置方法，通过调用 CRC32 指令来计算 CRC32 校验值。当需要计算 CRC32 校验值时，淘宝的 JVM 就直接使用该新增的内置方法来调用 CRC32 指令。
- 提高热方法的调用性能：对于一些很热的本地方法，因为序列化和反序列化等操作，每次 JNI 调用的开销是很大的。淘宝 JVM 就将这些热的本地方法实现为 JVM 内置方法。

18.8.4　定制的 MySQL

对于实力雄厚的大公司，没有什么是不可定制的。

阿里内部有很多 MySQL 集群，因而 MySQL 的一点点提高就能够带来总收益的大幅增长。AliSQL 是阿里开源的定制 MySQL 版本。

AliSQL 有很多有趣的特性，下面仅举两例。

- 给一些 SQL 语句增加了可选的超时值，如“LOCK TABLE ... [WAIT [n]|NO_WAIT]”语句，如果在给定的时间内没有加锁成功，就返回错误。这个特性可以简化应用的开发，避免应用等待时间过长。
- 限制执行某些 SQL 语句的数据库连接数，如“SET GLOBAL sql_select_filter = '+,1,Hello〜World〜Hi'”语句，它限制含有“Hello”“World”“Hi”关键字的 SELECT 语句执行时，同时最多只能有一个连接。

参考文献

[1] Distributed computing[EB/OL]. [2018-11-01].

[2] Google data centers[EB/OL]. [2018-11-01].

[3] BREWER E A. Towards robust distributed systems [C]// Nineteenth Acm Symposium on Principles of Distributed Computing. 2000.

[4] DEAN J, GHEMAWAT S. MapReduce: simplified data processing on large clusters[C]// Proceedings of Sixth Symposium on Operating System Design and Implementation (OSD2004). 2004.

[5] DEMICHIEL L, SHANNON B. Java™ Platform, Enterprise Edition (Java EE) Specification, v7[EB/OL]. (2013-04-05)[2018-11-01].

[6] MORDANI R. Java™ Servlet Specification[EB/OL]. (2009-12-10) [2018-11-01].

[7] Consensus algorithms[EB/OL].(2015-08-09) [2018-11-02].

[8] RENESSE R V, ALTINBUKEN D. Paxos Made Moderately Complex[J]. Acm Computing Surveys, 2015, 47(3):1-36.

[9] BURROWS M. The chubby lock service for loosely-coupled distributed systems [J]. The 7th USENIX Symp. on Operating Systems Design and Implementation. Berkeley: USENIX Association, 2006. 335-350.

[10] CHANG F , DEAN J , GHEMAWAT S , et al. BigTable: A Distributed Storage System for Structured Data[J]. ACM Transactions on Computer Systems, 2008, 26(2):1-26.

[11] Protocol Buffer Basics: C++[EB/OL]. [2018-11-05].

[12] gRPC Motivation and Design Principles[EB/OL]. (2015-09-08) [2018-11-05].

[13] Introducing gRPC, a new open source HTTP/2 RPC Framework[EB/OL].(2015-02-26) [2018-11-05].

[14] Apache Kafka: A Primer[EB/OL].(2017-02-17) [2018-11-05].

[15] Introduction Apache Kafka® is a distributed streaming platform. What exactly does that mean? [EB/OL]. [2018-11-05].

[16] SIGELMAN H B, BARROSO A L, BURROWS M, et al. Dapper, a Large-Scale Distributed Systems Tracing Infrastructure[EB/OL]. [2018-11-05].

[17] SHELAJEV O. How-to guide to writing a javaagent[EB/OL].(2015-05-12) [2018-11-05].

[18] GHEMAWAT S, GOBIOFF H, LEUNG S T. The Google file system[C]//19th ACM

Symposium on Operating Systems Principles, 2003.

[19] BEAVER D, KUMAR S, Li H C, et al. Finding a needle in Haystack: facebook's photo storage[C]//Usenix Conference on Operating Systems Design & Implementation. USENIX Association, 2010.

[20] GRIGORIK I. SSTable and Log Structured Storage: LevelDB[EB/OL]. (2012-02-06) [2018-11-08].

[21] KRYCZKA A. RocksDB Basics[EB/OL]. [2018-11-08].

[22] PAVLO A, ASLETT M. What's Really New with NewSQL?[M]. ACM, 2016.

[23] SHUTE J, VINGRALEK R, SAMWEL B, et al.F1: A distributed SQL database that scales[J]. Proceedings of the VLDB Endowment, 2013, 6(11):1068-1079.

[24] HARIZOPOULOS S, ABADI D J, MADDEN S, et al.OLTP through the looking glass, and what we found there[C]//Acm Sigmod International Conference on Management of Data. ACM, 2008.

[25] 子柳. 淘宝技术这十年[M]. 北京：电子工业出版社, 2013.

[26] BETZ J, TAGLE M. Rest.li: RESTful Service Architecture at Scale[EB/OL]. [2018-11-09].

[27] WANG R, CONRAD C，SHAH S. Using Set Cover to Optimize a Large-Scale Low Latency Distributed Graph[EB/OL]. [2018-11-09].

[28] AURADKAR A. Introducing Espresso - LinkedIn's hot new distributed document store [EB/OL]. (2015-01-21) [2018-11-09].

[29] TRAN C, COLEMAN C, SRIPATANASKUL T. Real-time distributed tracing for website performance and efficiency optimizations[EB/OL]. (2015-02-03) [2018-11-09].

[30] 唐洪. 阿里云首席架构师唐洪：拥抱开源的云端更具生命力[EB/OL]. [2018-11-09].

[31] KUMAR A. Service Tracing with Spring Boot and ZipKin[EB/OL]. (2018-05-25) [2018-12-03].

[32] BARROSO L A, DEAN J, HOLZLE U. Web search for a planet: The Google cluster architecture[J]. Micro IEEE, 2003, 23(2):22-28.

[33] YADAVA H. The Berkeley DB Book[J]. 2007.

后记

终于要完成本书了。

在写这本书之前，我就已经风闻写作的艰辛。然而，真正亲历之后，方知"艰辛"二字的真正含义。许多东西，自以为已经很明白了，但真正写的时候，才发现原来还是有许多不懂的地方。还有许多东西，拎出来是一大堆，可如何把它们"序列化"成一串文字，却是件颇为费力的事情。再有就是时间的问题，我工作上有很多事情要做，回家还要带孩子，写作上就只能是见缝插针。

从2015年开始酝酿，到真正把这本书写完，不曾想，竟用了将近4年的时间！

就这么薄薄的一本书，艰辛已是如此。那些享誉文坛的大文豪们，其写作的艰辛又当如何呢？

这几年，欣喜地看到一个变化，就是国内原创图书的质量越来越高了。

以前，对于技术上的书籍，我几乎是只看英文原版的。对于中文原创的或者翻译成中文的图书，除了几位我从心底里佩服的作者（潘爱民、侯捷等）的作品，我几乎是不看的。然而，最近几年，我渐渐发现，国内有不少技术书籍，在内容上已属"上乘"了，而且，文笔精彩者也不在少数。

希望这本书也能让大家觉得好，也能给大家以收获！

最后，以一首小诗作为全书的总结。

> 不闻战鼓声声，
> 不见铁骑纵横，
> 众巨头中原逐鹿，
> 贤才俊码场称雄。
>
> 不闻萧萧马鸣，
> 不见刀光剑影，
> 新技术潮起潮涌，
> 英雄辈飞舟潮中！

李庆旭
2019年夏于北京